食情書畫

莊祖欣 手繪食譜

莊祖欣 著

The culinary stories in
Cindy's illustrated kitchen

Texts & illustrations made by
Cindy Kuhn-Chuang

馳騁畫布的美味與鄉愁

　　姐姐祖欣大我四歲，從小我們共用一張長書桌，每天一起讀書做功課，晚上睡上下舖，無所不聊直至入眠。姐姐對我的影響甚深——凡是她喜歡的書、愛聽的音樂、對世界的嚮往和追尋……都成為我的文化根基和養分，也或許因此我們大學都主修語文，之後的興趣發展也很相近。但奇怪的是，無論怎麼回想，我們姐妹倆除了幾次在媽媽的監督下看著傅培梅食譜學幾道菜，離家前並沒有太多共同或獨自下廚的經驗，怎麼離家後都變得這麼愛吃、愛做飯，甚至引以為人生志業呢？

　　我想，首先家庭的影響無庸置疑。我們的父母雖然算不上老饕，對於吃飯這件事還是有基本的講究。成長期間媽媽忙於音樂事業，但只要在家她一定親自做晚飯，不外乎是一些她娘家川味和爸爸那邊江浙味的家常小炒。我和姐姐雖然不碰火，總也幫忙淘米、盛飯、擺碗筷，且必然在一家四口都上桌了才開動，如此養成了天經地義的用餐儀式感。八九零年代台灣經濟起飛，爸爸的營造業發展順遂，常有機會帶發育中食慾旺盛的我們出門嘗鮮。於是從夜市、快餐到高檔食肆，我和姐姐可說是很早就接觸了東西南北各方口味，奠定了味覺的包容和敏感度。

　　但真正愛上做菜，我想最大的起因還是遠走異鄉。記得姐姐剛去德國的時候常說她感覺自己失去了身分座標——以往在台灣重要無比的標籤如家庭、學校、社團、獎項，到了國外都變得毫無意義，取而代之的是一片茫然失落感。而當汲汲營營（也或者說禁錮了自己）半輩子的外

在價值忽然崩解時，我回顧自身經歷，發現那最深切、核心、且無關利益的需求和渴望竟然是家鄉味道！在異鄉清冷的歲月裡，一碗滾燙的熱湯、蒸騰的包子、香辣下飯的炒菜，可比什麼功名利祿都重要，若能在餐館或同鄉家裡吃到，自然感激涕零，但如果能親自動手做出來，那種滿足、激動、和在徬徨中找到秩序的力量必油然而生。

　　姐姐透過食物找到拓建異鄉人生的基礎，從此開疆擴土，不但培育出能吃香喝辣的老公、兒子，還把隔壁鄰居調教到可以燒一桌中菜（這也是她製作繪本食譜的初衷）。直至今日，她在德國生活的年歲早已超過成長於台灣的光陰，不僅口味和見解養成了跨文化的開闊從容，近年來在藝術事業上也嶄露頭角，但那個從小愛吃蚵仔煎和臭豆腐的小女孩還是時不時跳出來，用她獨具童心和台灣視角的慧點雙眼觀察身邊一切，創作出一篇篇、一幅幅，精彩的文字圖像。

　　讀者們翻開這繪本任何一頁就會發現，姐姐的菜品、文字和繪畫是打從心底噴發而出的。菜好吃，因為那是慾望的延伸，若不做出來，口腹只能罷工；文字好看，因為講故事的人在德國森林裡安靜久了，不吐不快；畫令人目眩神迷，因為作畫者的想像力被食慾和故事激發，迫切需要用彩筆潑灑於畫布上。在這個美食攝像無所不在的網路時代，一本有故事的手繪食譜（連文字一筆一畫都是手寫的）何其珍貴！身為祖欣的妹妹，我讀之感動，也與有榮焉。

作家 庄祖宜

緣起：
Cindy 辛來不語庖廚，卻對
家鄉台北大街小巷的餐館．
小吃如數家珍。後來搬到
德國小鎮生活．對家鄉美食
思念不已……

This book is dedicate to my source of energy~
Andre . Calvin and Allan

爬巴山的時候遇到這个德國人,
我们就一起走了一段路。
休息時各自取出背包裡的
已備午餐:他吃三明治,
我吃泡麵。

哇~~~
…妳連爬山都喝熱湯呀!
那座,可以跟我说,
家那,你们都吃什麼呢?

冬去夏來。有天,在報紙上讀到亞超打折的廣告,才知道原來城市裡某一角有亞超的存在。

巴比飛奔而去!

從此以後,不論天晴還是下雨,每天騎車買菜,一路上還想,回到家該怎麼料理。

從此以後
春夏秋冬
天晴天雨
白天夜晚
煮興澎湃

家,就是
我可以
玩料理
的地方。

13

目錄

粉蒸肉

米是蒸肉魂

Steamed Pork coated with rice powder

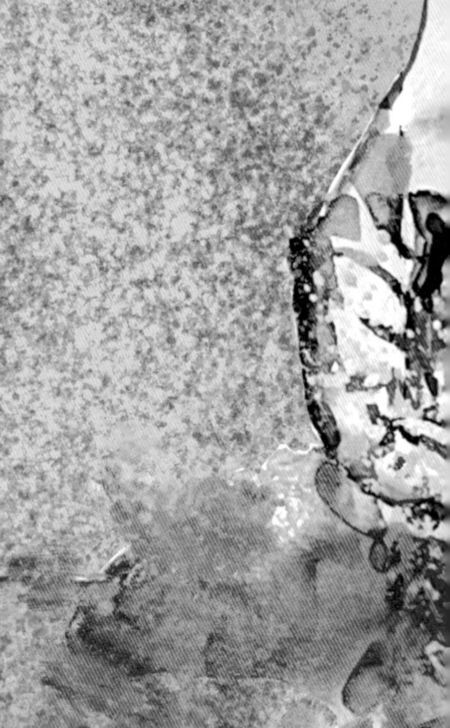

我家廚房裡的豬隻都是無限享受Cindy的料理的♡

做粉蒸肉這道菜我建議一定要用竹蒸籠。
用竹蒸籠蒸出来的肉，除了米香、醬香，還多了
一份竹子香。而且賣相好極了。老外食客會
爭相拍照，似乎他們想像中的竹林傳說、
煙霧彌漫的亞熱帶美食就是如此。

歐洲人對亞熱帶竹林美食的想像。

粉蒸肉的神奇，讓老外詫異的一點就是：雞鴨魚肉
裹粉去炸、增加酥脆度，他們見過，通常裹的都是
玉米粉、番薯粉、麵包粉…等炸粉；但是裹米“粉”的，
而且不炸但蒸，他們著實沒見過。夾出了一塊塊的
粉蒸肉，底下還藏著驚喜：肉汁往下滴，地瓜（紅薯）
吸足醬汁，加上自身的甘甜綿密，讓這些從小吃馬
鈴薯長大的歐洲人重新体會“甜土豆”的滋味。

雖然現成蒸肉粉到處都買得到,我仍是強烈推薦自製蒸肉粉,一.因為簡單,二.為好玩,三.便宜。

我建議混合兩種米:泰國長粳香米+長糯米,各一半。各取小半碗做出來的蒸肉粉就可以用好久了。我還把它裝成小包,給吃完粉蒸肉回味無窮的客人帶回去,自己試試。

鍋裡不需加油,把生米放下熱鍋烘焙,加入乾香料如八角.花椒.月桂香葉一起烘,不用加鹽,慢慢翻推,直至白米焦黃。挑出香料雜物,只留白米,用磨碎机打碎。不要打得太碎,停之打之,佳之顆粒粗獷最好。裝入小罐,收在冰箱裡。可維持一年不壞!

粉蒸肉，顧名思義，是否就是在桑拿蒸氣室撲粉的愛美小豬？😄 愛美小豬非常想把肚子上的贅肉讓蒸氣給蒸掉或是推脂給推掉。殊不知最美味的粉蒸肉
正是承著肚子上紅白相間的
五花肉啊！

所以，請準備一塊紅白均勻的
五花肉 300-400g 切成大薄片。
用以下醬汁醃泡（約30 minutes）

　　　蔥二支切成段，
　　　用刀背拍過。
　　　薑片三片
　　　八角一顆
　　　醬油二湯匙
　　　酒二湯匙
　　　鹽 1/2 茶匙
　　　辣豆瓣醬一茶匙
　　　水一湯匙

趁五花肉在醃製入味的時段，切
一個大地瓜（紅薯），切成小方塊。
切完了先泡在清水裡一陣子。
清水可漂去地瓜表面的
澱粉，一會兒烹調口感
會更佳。

在醃肉中加入2湯匙的蒸肉粉·拌勻,讓米粉吸足了醃料汁水,並附著在肉片的表面。在小蒸籠的底部鋪滿了地瓜片,再整齊地把醃好並裹了米粉的肉片漂亮地鋪於其上。

如果沒有小蒸籠,則用鋁盆或深碗亦可,只是蒸的時間就必須拉長。用小蒸籠只需20分鐘,用鋁盆或深碗則要半小時以上。

如果是在鋁盆或深碗裡蒸,則建議把肉放在底部,其上再鋪地瓜粒。蒸完了在大盤子裡把粉蒸肉倒扣出來。這樣賣相奇好。

蒸好了在上桌前再淋下二大匙燒得滾燙的熱油。撒一點白胡椒粉及一把翠綠的蔥花即可上桌。

The kind of Beefstew that distrackts the holy cow guru's meditation

燉

雖然耗時，但此套調手法實在是居家．過日子．想自己下廚又不想老杵在廚房裡 最理想的料理辦法。"燉" 可以讓你一面帶孩子．一面弄園芝．一面追劇、一面打電動…一面下廚。而且"燉" 還有一个好处：倚靠 燉煮 的廚房會 滿室留香．漸漸的．彌漫至空中的紅酒味香料味、燉得入口即化的骨頭味會慢慢地愛成 "回家的味道"。

牛魔王：
回家的味道？

蘇格蘭高地牛：燉的味道
比原野還芬芳！

Look into my eyes
Can't you see they're open wide?
Would I lie to you baby?
Would I lie to you...

其實任何食材，蔬食或魚肉，淹至水
及作料理煮一段時間都是燉煮。
它的技巧門檻很低，一般而言，蔬
食煮得短些，豬牛羊燉時較久，而雞肉
不要燉太久，不然全爛碎了，鮮魚不適合
燉煮，但是魚乾類又可以；跟旺炒、炸
相比，燉不講求火候，不需大批掌調味
太鹹了就多加美水，太淡了甚至上桌再
補撒些也可以。燉煮不難，個人知覺
得非得搭配一道舒爽的涼菜，再來个
快炒有嚼勁的側傳，就十全十美了。

雞肉如果
要吃的話別不
可以燉太久哦！

PS. 炒雞丁時我習慣買
雞腿回來自己去骨頭，
然後用雞骨架加蔥片、
蔥支...拿熱高湯再以
雞高湯為湯底燉煮
蔬菜、豬牛羊。

25

越高级昂贵的肉，越不適合燉煮。最近我找到了怎麼煮都不散不老不柴的肉：小牛臉頰肉。

很可惜這在多年来我在德國肉鋪一直没找到腺子肉，曾經燉過一支巨大的牛舌，也不錯。但是最容易買到的，適合燉燒的肉是牛肋排：

我燉牛肉／牛腩／小牛臉頰 根據心情和配菜變換，可中可西。中式用紹興酒：

1. 牛肉一公斤左右，帶骨則會更重。紅蘿蔔切粗大塊，肉塊儘量免切，只要斯至鍋子放得下的大塊程度即可。用滾水燙去表面的血水。

2. 洋蔥視大小 1、2个，切成粗絲。

3. 一罐濃縮蕃茄，比如：

4. 鍋中把油燒熱，先把牛肉塊煎得金黃。

5. 加入薑片 7-8片，拍過的大蒜粒 3-4 瓣兒。稍微焦一點也行。

6. 醬油 5-6 湯匙，糖 2 湯匙。喜辣則加一大匙的辣豆瓣醬。

7. 倒入濃縮蕃茄一整罐，紹興酒 600 ml，開水或鮮清雞湯 直至肉塊書較淹沒。

8. 看看手邊還有什么現成的香料，如陳皮、八角、丁香、月桂葉，均可隨性加入添香。

9. 蓋上鍋蓋小火燉煮 3-4 小時，直至水分蒸發，滷汁兒自然变濃稠。

如果用紅酒，用量則需增至 300ml 以上
且稍微用牛油 Butter 煎肉，調味免去
醬油，改用海監 1-2茶匙。並加入大勺黃芥末 或Dijon。
可放入一大把迷迭香、百里香、奥勒岡…等普羅
旺斯所有香草一起燉。如果用一整瓶啤酒，我还会放入
德式煙燻培根一大塊同燉。

Coq au vin
红酒燒雞

我的鄰居是我家飯桌上的常客，但是他們竟然認為，Cindy只會做中餐。「若論法式、義式料理，妳大概就不行了吧？」他們問我，「比如說，妳有做過 coq au vin（紅酒燒雞）嗎？這道菜據說道行要很高才做得出來耶……」

明知道是激將法，還是馬上被激出一身的料理鬥志！我說，「這有什麼難的呢？其實做一道法式料理比一桌子滿漢全席輕鬆多了。」

不過，當我很女德烈要一瓶上好的勃根地紅酒，並且硬是狠心一瓶都倒下去，加香草、蒜粒、小洋蔥一起醃泡雞腿過夜……的時候，他還是震驚惋惜了一番，「什麼！整瓶啊？這瓶酒值100歐耶！全部都用來醃雞啊？」

第二天打開醃雞窩，雞隻很飢餓，紅酒都沒被浪費。全都被雞隻給吸入肉質和肌理去了，酒腫雞腿

腿得醉醺醺的很法國！於是起油鍋，先煎香雞腿，再加入甕底剩下的紅酒，和自己熬的雞骨、火腿高湯，小火煮，至湯汁蒸發濃稠，加精鹽、綠、紅胡椒和Dijon芥末調味。

另碾細馬鈴薯加松露奶油做松露薯泥。順便炒一只蔬菜點綴之，傳說中這道非道行很高的廚子才做得出來的菜—「紅酒燒雞」就堂堂上桌啦！我的食客每吃一口，就讚一口，而廚子Cindy的成就感也奇高，主要是因為，做這個，比做梅花宴席的中式料理輕鬆簡單多啦。

Voilà, coq au vin à l'art de Cindy !

Cindy妳中餐做得好，但是那些法式、義式的功夫菜像coq au vin的妳大概就不會了吧？

我個人覺得做中餐和西餐最大的差別就在於：通常中餐一道菜的量是一盤，而盤子的大小是固定的。食物的多寡取決於食客的人數，人多就多燒幾個菜，人少則1.2盤菜就夠了。 每一盤的肉菜、香料、醬汁比例、分量都是固定的。食譜裡的食材、分量也都是以一盤來計的。而西式菜餚是以「一鍋」煮給多少人吃來計量的。人多就多一點，人少就少一點。油、香料、鹽、糖、胡椒沒有一定的量，需要靠廚師邊做邊嚐。好在西餐許多菜都靠燉煮或焗烤，調整鹹淡也允許事後再來撒鹽、胡椒來調整。所以在歐洲許多餐館裡廚師幾乎不調味，上了桌再靠食客自己以鹽、胡椒、醋、橄欖油來調整。

以下以四支雞腿的量為準：

1. 大雞腿置入盆中，撒鹽 1~1½ 茶匙，整顆綠胡椒粒一湯匙，整顆乾紅胡椒粒一湯匙，新鮮普羅旺斯香草（迷迭香、百里香、奧勒岡、鼠尾草…等）一把，開一瓶好的紅酒，至少需要半瓶，注入大盆子，以淹住全部雞腿為準。醃製過夜。
（若沒有新鮮香草，則退而求其次，用乾燥的。）

2. 在平底鍋融化奶油（一定要用Butter，用量是 3-5 大勺。）先煎香蒜粒、小洋蔥各四五顆，再下雞腿，各面煎得焦香金黃。最後傾倒入一盆子的香草、紅酒，並加入大塊胡蘿蔔一整塊厚培根、小塊硬乳酪一起煮，加水直至全都淹沒。以 Dijon 芥末 1 小茶匙調味。煮 15-20 分鐘後取出雞腿一旁保溫 擱置，一鍋的湯汁則繼續煮，直至 液體揮發濃縮。如果是用奶油煎煮的，湯汁會自動變得黏稠，完全不用勾芡，也不需額外加鮮奶油。（ps. 硬乳酪用 parmigiano）
以上，大約需煮 1.5-2 小時。

3. 用濃縮的紅酒雞湯汁澆淋雞腿，建議搭配清炒蘑菇、青菜。主菜可配飯、麵或者上選、洋芋泥。

宮保 vs. 辣子雞丁

Chili vs. Kongpao chicken

話說辣子雞丁"和"宮保雞丁"有什麼不同？
兩道菜都是紅不嚨咚的乾爽白飯殺手。
於是我做了一番研究：

辣子雞丁是一道地道的川菜，來源於巴蜀民間，經過幾代的傳承，麻辣香鮮，肉質酥軟，辣椒鮮紅誘人，而且多到「在辣椒堆裡找雞丁」。

宮保雞丁則是魯菜和川菜都有收錄的菜品。主要的特徵是辣中帶甜，相對於辣子雞丁，宮保雞丁的入手比較高貴。相傳它是由山東巡撫丁寶楨由私房菜「醬爆雞丁」改良而來的。他曾擔任山東巡撫和四川總督。為官期間，剛正不阿，多有建樹，深得民心，就將這道菜以他的名譽官銜「宮保」命名。

不論是辣子還是宮保雞，我都建議雞丁醃製過要先裹了地瓜粉炸過。把雞丁炸得香酥酥的再來調甜辣味，吃起來叫食客欲罷不能。

以往炸雞只能用大量的熱油，但是自從有了"氣炸鍋"，即使我設計的「雞炸鍋」也沒銷路了。

SALE
79€ nur

37

辣子雞丁 vs. 宮保雞丁

我個人是先認識宮保雞丁這道菜的，後來才接觸到辣子雞丁。歸納出幾項分歧點：

宮保雞丁只用乾辣椒添香，其實不辣。調味要用到糖和醋。

辣子雞丁不加醋，但要加辣豆瓣辛醬，更偏鹹辣。

兩道菜若要好吃都得花工夫用去骨雞腿肉。怕麻煩的話也可以用雞胸肉，但是口感真的會差很多。

步驟：

準備去骨雞腿約 300g，用蛋白一个、
鹽 1/2 茶匙、太白粉一茶匙抓過。

乾辣椒一把，先用油炒得略為
焦里取出待命。

準備蔥、薑、蒜屑各一大匙。

起油鍋先把雞丁炒熱、盛出、
暫擱置一邊待命。

如前面的建議：可把醃好的雞丁沾地
瓜粉油炸，或者放入氣炸鍋 160°C 炸
8分鐘，拉出翻面後再用 190°C 炸4分鐘

接著爆香蔥、薑、蒜屑，並加調味
料同炒：

宮保汁：
紹興酒 1 湯匙
醬油 2 湯匙
鎮江醋 1 湯匙
水 1 湯匙
糖 1 茶匙
太白粉 1 小茶匙
麻油 1 湯匙

辣子汁：
辣豆瓣辛醬 1.5 湯匙
醬油 2 茶匙
笪巴 1/3 茶匙
砂糖 1 茶匙
花椒 1 茶匙了
(也可以用 1 茶匙花椒油替代)

最後倒入炸好的雞丁跟調味料拌勻，
撒上香菜屑便可盛盤上桌。

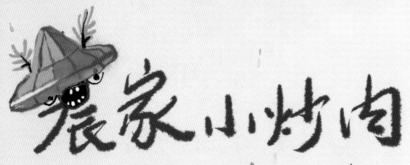

农家小炒肉

Stir-fry Pork Belly of Farmer's style

「農家小炒肉」是我 2019 遊中國才認識到的
美味,有一點像川菜「回鍋肉」,但少了一步先
煮肉再炒。事實上「小炒肉」是最典型的中式
炒菜,又爽快又滋味無窮。「炒」真的是中
式烹調的經典,其他各國的料理手法,
煎.煮.燉.炸.烤...,就是沒有炒。炒出

來的柔不像燉的是泡在汁水裡。也不似
許多西方菜，烤完、煎完還得另調醬汁
澆淋。炒，實在是中華烹飪文化的絕
學，又快又鮮又脆。而且不拖泥帶水，
不滴。答。，醬汁幾乎全被食材吸收，
所以看似乾。的，吃一口才知道津。有
味。

中國的湘菜、川菜系炒菜最多，辣椒、蒜苗、豆豉、花
椒...香料也用得大方大氣。如果
再往西南方走，泰式的炒菜類
也多，香料更添酸鮮，他們加入
萊姆、九層塔、羅望子...，炒菜
越精湛的地域，似乎氣候
就越偏溫熱，出了一身汗後
吃炒菜下香米飯實在是舒
服極了。

Cindy 隻身在堅持用高
湯、紅、白酒、奶油敖
醬汁的西方廚師裡，
請他們嘗一嘗炒得
爽辣的農家小炒肉，
西方廚師回家都買
了中式炒鍋，跟 Cindy
取經來了。

43

Cindy's Illustration

「農家小炒肉」是標準的湖南菜。有一次我跟幾個德國朋友約在湖南餐館碰面，特別註明了 "Hunan Cusine"。結果一堆人都把 Hunan 看成 Human 了，以為 Cindy 要帶他們去吃 "人類料理" 😂

做法：
1. 豬者後腿肉或五花肉 400g，切成薄片。
2. 青紅椒切成小段。
3. 蔥、薑、蒜切片。

4. 鍋中只需少許油，肉片不用醃，直接下鍋炒。直至肉片微捲曲，略焦黃。

"炒" 英文叫做 "Stir Fry"，直譯：翻攪烹調。可是不知為何，我從第一次讀到 Stir fry，腦海裡就不斷出現：Stir Fly — "翻攪飛"。好開心，這下終於畫出來了。

44

5. 用鍋中的底油炒香蔥薑蒜，並放入泡
   過豆豉一塊炒。
6. 下青、紅椒煽炒，直至椒皮起皺。
7. 再下肉片合炒。
8. 倒下綜合調味料：
醬油一湯匙、糖半湯匙、辣豆瓣醬一湯匙、
甜辣醬或海鮮醬一湯匙、米酒一湯匙、香麻
油半湯匙。

9. 翻炒均勻
   便可盛盤上桌。

黄州好猪肉，價钱等黄土。

富者不肯喫，貧者不解煮。

慢著火，少著水，

柴頭罨烟焰不起，

待他自熟莫催他，

火候足時他自美。

早晨起来打两碗，

飽得自家君莫管。

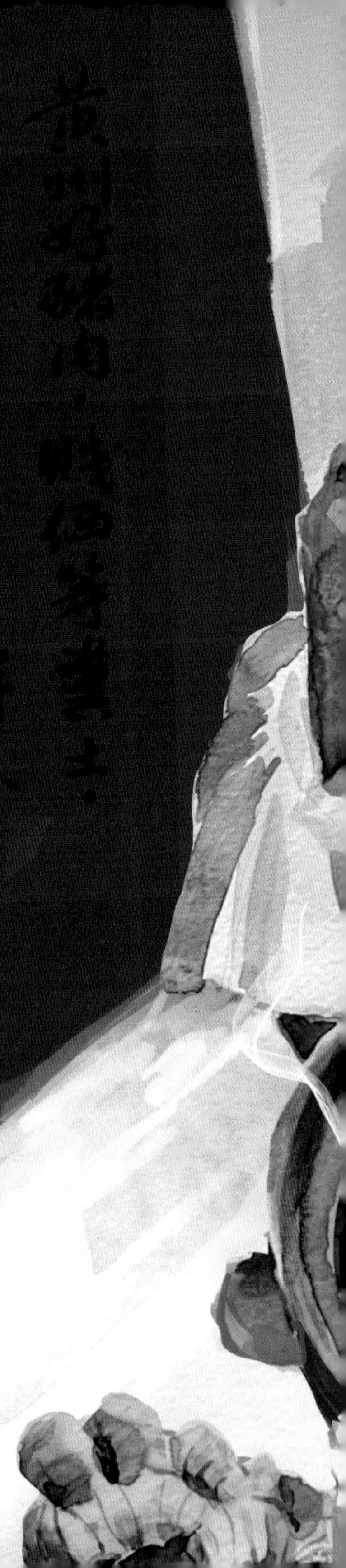

東坡肉
cindy.

Slow cooked
Pork belly
à l'art de
Poet Dong-Po

其實自己有車的話，我居住的森林小鎮距離附近可以吃喝玩樂的大城市，一個小時左右就開到了。偏偏我當時不會開車，又住在一個連火車站都沒有的偏僻鄉鎮。從住處走到鎮中心買菜一趟就是四十分鐘以上，回程提著大包小包，爬坡走山路就更慢了。我負重低頭盯著腳上的泥濘球鞋，淋著冰雨，每一步都是沉重，像被朝廷下放的忠臣⋯就像⋯被下放黃州的蘇東坡，興起回家教東坡肉的主意，頓時腳力十足，拎著重物，一口氣衝回我的小廚房。

摘錄於「旅途時光」中「典記達女丘養成記」

49

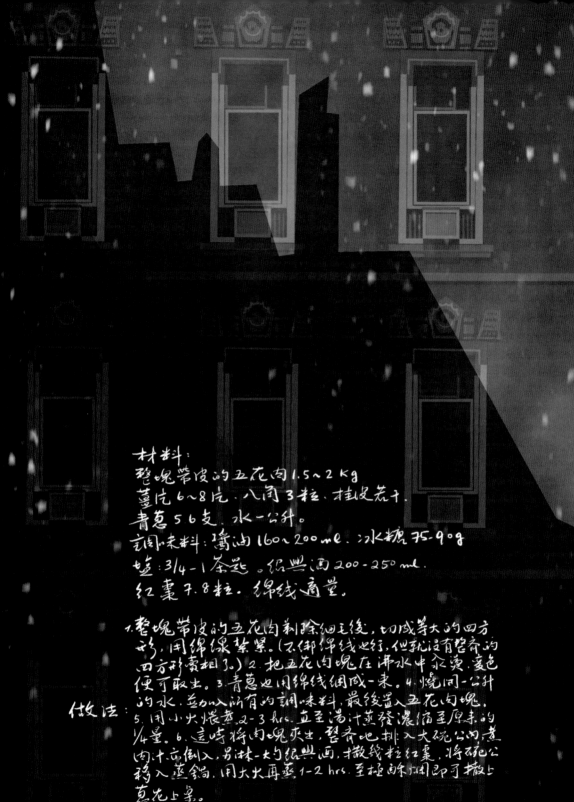

材料：
整塊帶皮的五花肉 1.5~2 kg
薑片 6~8片。八角 3粒。挂皮若干。
青葱 5.6支。水一公升。
調味料：醬油 160~200 ml。冰糖 75.90g
鹽：3/4-1茶匙。紹興酒 200-250 ml.
紅棗 7.8粒。綿線適量。

做法：
1. 整塊帶皮的五花肉剃除細毛後，切成等大的四方
好，用綿線紮緊。(不綁綿線也行，但就沒有整齊的
四方形賣相了。) 2.把五花肉塊在沸水中氽燙，褒色
便可取出。3 青葱也用綿線綑成一束。4.燒開一公升
的水，並加入所有的調味料，最後置入五花肉塊。
5. 用小火煨煮 2-3 hrs。直至湯汁蒸發濃縮至原來的
1/4量。6.這時將肉塊夾出，整齊地排入大碗公內，煮
肉汁宜倒入，另淋一大勺紹興酒，撒幾粒紅棗，將碗公
移入蒸鍋，用大火再蒸 1-2 hrs。至極酥爛即可撒上
葱花上桌。

雪夜裡，只有我的小公寓裡——
「常羨人間琢玉郎，天應乞與點酥娘」
這位酥娘燉了一鍋酥潤紅汁
香肉。

51

在蒜泥裡逍遙打滾的小豬仔

蒜泥白肉

Pork Slices in minced Garlic

蒜泥白肉，其實從小就吃過這道菜的，但並不特別驚豔。後來知道，大部分的人用清水煮了白肉，就淋蒜味醬油膏，這樣當然難以令食客留下深刻印象。

我第一次吃到令我驚豔的蒜泥白肉，不論是味道還是賣相，都讓我嘖嘖稱奇。白肉薄片切得均勻，紅白相間，入口有韌性，彈牙有嚼勁。一片肉片裹一片削得薄薄的新鮮脆黃瓜。最不可思議的是那個蒜泥汁，並不特別濃稠或沾黏，但是汁和肉呈現你泥中有我，我泥中有你，絲絲入扣，令我讚歎不已。

我經試驗，我得到了以下的領悟：

54

1. 肉：選擇紅白（肥瘦）均勻的四方塊狀五花肉，連皮整塊置入深鍋裡。可加雞骨頭、煙燻火腿同煮。煮熟後務必放涼，最好是在冷藏室過過夜的肉塊。因為涼透了的肉塊最好切，可以很輕易地切成等厚的薄片。我曾經有買不到漂亮、紅白均勻的五花肉的經驗，於是用肩頸肉或者豬腳肉替代。只是，少了固定分量的豬皮或肥肉後，Q彈韌度會打折。這點，自從我發現了完美肥肉代替品—蒟蒻（英文：Konjac／中文也叫「魔芋」）。可以買到原味整塊的蒟蒻，切片後跟瘦肉交叉擺盤。提醒食客盡量一片肉配一片蒟蒻入口，口感則完全可媲美豬皮與肥肉的效果。

原味蒟蒻
こんにゃく

2. 蒜泥汁：其實真的只需要點到意思用一粒蒜，碾成泥就好

3. 其餘的秘密盡在前面介紹的五香複製醬油及油潑籽裡。當然，還有煮肉的高湯！

0. 準備一塊五花肉,或者肩
   頸肉,腿肉,至少300g。

1. 煮肉塊的時候加入蔥段,薑
   片,香葉,八角,一塊煙燻火腿。
   肉塊取出後置入冷藏室放涼。
   煮肉的湯汁也保留一小碗。

2. 等肉塊涼透了再切片,涼透
   的肉塊很容易切薄。
   用削刀把小黃瓜縱向削成長形薄片,
   將黃瓜薄片捲起來墊底,蒟蒻也切
   薄片,在盤中一片肉,一片蒟蒻,放射
   狀漂亮地沿著盤緣擺開,這樣每片肉
   才會沾汁均勻,千萬不要把肉胡亂堆一疊。

3. 在小碗加入碾爛的蒜泥
一茶匙。五香複製甜醬油2湯
匙（做法請參考：P.136）、油
潑辣子一湯匙、麻油一湯匙、
香醋一湯匙（如工研醋或鎮江醋）
並加入煮肉湯汁 3-4 湯匙，調勻。
如果不夠鹹，可加入一小茶匙的
榨菜屑。整碗傾倒入肉片之上。

醬香餅潤

Peking Duck

58

皮脆肉嫩

京鴨

59

北京烤鴨

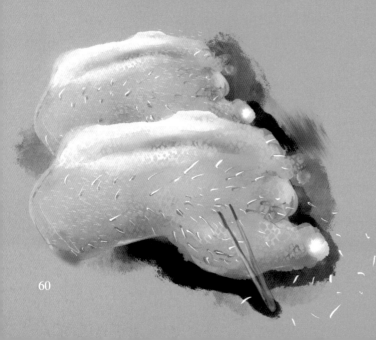

第一次做北京烤鴨一點都不北京：買到了
巴伐利亞省的野鴨，咸小隻，一隻才 1.7、1.8 kg 重，
比不上北京4-5公斤的大肥鴨。我烤了兩隻，製作
地點是德國拉得非森林，離北京也是十萬八千
里遠。

烹調過程歷時三日。德國鴨商不夠專業，鴨子一身
雜毛，毛孔之粗大，叫任何冰清玉潔的美女都
不禁虔幸，自己不屑鴨。川燙過後，用拔眉毛的夾
子拔鴨毛，既夾不住，亦扯不下來，只好改用手指
甲，拔得手指尖痛了三天。

幸好不屑鴨，否則長出
这种粗大的毛孔真
的太不冰肌玉潔了

拔完毛塗上自家熬的五香複製甜
醬油（做法請参考P.136）

繼放在陽台上風乾。家犬影帝狗企圖不軌靠近，
幸虧我及時發現，否則光滑的鴨子是沒烤就
被狗吞了。我趕緊改換風乾地美：离的户外燒
烤架子。（風乾得越徹底，鴨子就會烤得越
酥脆。）

時位大冬天，屋外氣溫低，2~4°C，不用塞入爆滿的
冰箱。在陽台上風乾了20个鐘頭。第三日一早起來
刷脆皮塗汁。接着放入180°C烤箱烤又个鐘頭，
中间不忘取出。
刷脆皮汁兩次。

用200g中筋麵粉和入100ml的滾水,加一點點油揉成光滑的麵糰.再搓成長條,捏小麵球.擀开成為薄餅,在平底鍋裡輕煎。

烤完的鴨肉從骨架上卸下,片里脊,再用手指摳剃下骨頭上的肉及內臟,揪成絲絲,一會兒用來当湯料。

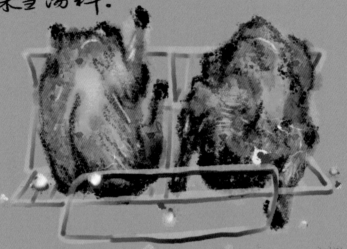

用烤鴨爆出的窑汁鴨油爆香薑片.洋蔥.月桂香葉...等.淋米酒.置入鴨骨架子.熬鴨高湯.加入各式蔬菜.豆腐.木耳.胡蘿葡.筍絲.勾芡.打個蛋花.加入鴨肉絲,做成辣鴨湯

酸辣湯做法參考:

62

再起油鍋，熱鴨油兩勺、淋米酒、炒香甜麵醬。

用大蔥絲小黃瓜細條塗醬汁，盛鴨肉片，包荷葉餅。
自製的荷葉餅又韌又軟，口感一級棒，一條一條就被包光光，老人
們都还沒吃飽，只好取出現成的Taco餅加熱克致，包起來也湊合。
炒過鴨油的甜麵醬特香，那一鍋酸辣鴨湯更是銷路極好。
北京有「全聚德」烤鴨，一時三刻飛不去不打緊，德國的「拉得幸森林」裡「欣聚德」的烤鴨，也不錯。

Sous vide
舒肥 SPA
一節18分鐘

Sous Vide 舒肥

Sous Vide 是法文,意指抽真空、低温料理。
用此法做出来的食物,質地嫩滑,吹弹可破。
「舒肥」這個中文翻譯實在是……太不可思議了!
每次「舒肥」完我都莫名其妙地……
很想去桑拿、很想去按摩……
舒肥,怎麼會是料理?
舒、服、地身上的肥肉给推脂推掉,
蒸氣室蒸掉,皮膚还会变得嫩滑、吹弹可破。
根本就是一种Spa療程嘛!
按摩精油可選,青檸味、生薑味、
時蘿味或者大蒜味的:

当我第一次聽说sous vide,回想起在欧洲精緻餐廳
裡吃过的不可思議的肉质。恍然大悟那些並非生肉,温
热的鱼肉,怎麼会有生鱼片的軟嫩又鲜韌的口感?
終於理解,星级餐館裡整齐一致的粉红色肉排,
其入口質地好比新鲜的麻糬,是怎麼做到的。
於是我上網購買了一套舒肥器材:一卷塑料套、
一台抽真空泵,一支定温定時加热棒。

抽真空以前避免將食物用液體醬汁醃製，
以免抽真空機遇水就無法密封。
我通常只用香葉、薑、蒜、洋蔥片、塩、胡椒
調味後，置入塑料袋，然後抽真空。
抽真空以後食物保鮮期延長，所以如果
不馬上烹煮也無妨。

以下，我分享一个經常用舒肥料理的溫度和時間表格

適合舒肥的魚類	溫度	所需時間
雞胸肉	66℃	120 min.
鵝腿或鴨腿	70℃	6 hrs.
鮭魚	46℃	20 min.
鱈魚	50℃	18 min.
鯛魚	58℃	20 min

舒肥当然也適合料理牛排，只是舒肥完畢
的肉類缺乏香酥焦脆的表皮，需要再做
表面的短暫且高溫的煎烤處理。

牛排厚度	所需時間		牛排熟度	所需溫度
2 cm	60 min.		3分熟	50~54℃
4 cm	120 min.		5分熟	54~56℃
6 cm	210 min		7.8分熟	56~60℃
8 cm	280 min.		全熟	60~65℃

牛排舒肥結束後最便易的家庭料理法就
是，用燒得極熱的牛油平底鍋快速煎出
金黃焦酥的表面。

舒肥料理过的鱼肉不似人牛排,不需再煎、烤。
从真空塑料袋中小心取出,装盘,淋上酱汁,便可
上桌食用。

两道舒肥鱼料理:

1. 舒肥鳕鱼 + 莳萝橄榄油酱汁

- 鳕鱼,600g 均匀地撒上海盐约 1-1½茶匀。
  芥末籽一茶匀,绿胡椒(整粒)一茶匀。
  红梅椒一茶匀,姜丝一大匀。
- 以上,装入塑料袋,抽真空。
- 置入 50℃温水中舒肥料理 18分钟。
- 取出装盘。
- 小番茄 8-10颗,刷上橄榄油後置 180℃烤箱
  烤 18-20分钟,取出後以盐 ½茶匀,糖 1茶匀调味。
- 另起油锅,特级初榨橄榄油约 300ml,
  大蒜片约一大匀,待香味逼出,置入一把
  去硬梗的莳萝 Dill,马上闭火,淋上鱼排。
  挤 ¼ 鲜柠檬,撒上小番茄搭配之。

2. 泰式檸檬魚

- 可用魚排,也可用鮮魚一條.
- 鮮魚的背面劃上幾刀。
- 拍打過的葱段一把,薑片四.五片鋪上魚身,一起裝入塑料袋.抽真空。
- 置入60°C溫度的水中,舒肥25分鐘。
- 小心地取出整條魚,撥開葱薑,盛盤。
- 準備2个青檸,一个搾汁.一个切片。
- 把青檸片一部分塞入魚背上的切縫中,另一部分舖在盤子的四周。
- 澆上醬汁:
  香菜末,一大勺.蒜末一茶匙.鮮辣椒屑一茶匙
  一顆青檸搾汁.魚露 20 ml.糖 3茶匙.
  清水 20 ml

水煮魚

Fish in hot chili oil

各個都派我從處理碧條鱼講起，抓
起一條滑溜的鱼就摆平了剪下鱼
鳍，去鱗去骨片頭，看得我下巴都
掉了手了。心想：弄這鱼，刀工量真不小！
需知，一大部分的德國人是不吃鱼的。
絕大部分吃鱼的德國人只吃炸鱼排，
他們看到有頭有臉的鱼就掉臂加
逃走。所以鱼贩絕少贩售整條的鱼。

就咄嚇走了客人。我能夠買到的鱼
肉，幾乎也都是白淨無刺的鱼排了。

所以，我的這款水煮鱼請你備用鲜白鱼排即
可。沒有鱼骨鱼頭燒鱼湯我請你買現成的罐
頭鱼湯替代。如果沒有那麽多的乾辣椒则改
用義大利罐頭醃辣椒亦可。罐頭裡的辣椒
酸酸的，不辣，好似做酸菜鱼，也別有一番
風味。

水煮魚要賣相好看，就是要白魚片在紅湯中幾乎滿溢得端上桌，而且最後那勺澆淋辣椒、蒜泥的熱油不可少。如何讓盤子如此飽滿呢？當然，盤的大小選擇很重要，技巧也在於墊菜。把深盤的先用清炒蔬菜或粉條或豆芽菜……等給墊高，其上再鋪上微炒過的魚片，最後淋上魚湯，撒一把乾辣椒、蒜泥、香菜屑，淋熱油。

德國酸菜，有別於深綜色的中式酸菜，是乳白色的。好幾次用德國酸菜墊底，為了配色，我就不用辣豆瓣醬調味魚湯，而只用鹽巴，最後還加小半杯的濃豆乳，使魚湯呈乳白。這樣，酸菜白、魚湯白、魚片白，只有辣椒紅，也是賺足的讚歎食客的關注！

被煮的魚。

74

做法：

* ※ 一款魚排，比如說鯉魚排、鱸魚排、鯛魚排 800～1000克，切薄片，用一個蛋清，一湯匙 太白粉，1/2茶匙鹽巴 抓醃，直至魚肉 和醃料合而為一起黏性。

* ※ 墊菜：可自由選擇——用薑　　　一湯匙炒—— 一大把豆芽配上等量的　　　　／
或者炒一束青菜　　　搭配
或者一小碗　　　　　　過油清炒。
以上，不論選擇哪一種組合，炒 好了墊在深盤子底部。

* ※ 炒魚片：起油鍋，先爆香　　　　各一小匙 輕輕推動魚片，小心不要把魚片炒破了。 魚片一見熟就起鍋，盛入盤中置於墊菜之上。

* ※ 米酒二大湯匙，如果要做紅湯，就用　　　一湯匙 糖一茶匙、　　　　　　一大匙拌炒，最後注入
　　　　　　一大碗。以人上煮開倒在魚片上。

either
↕
or

* ※ 如果要做白湯，則用　　　　二大湯匙　　　　一茶 匙、薑絲1.2片、　　　　　一大碗，一湯匙 　　以人上煮開傾注入魚片上。

* ※ 最後在盤中撒入乾辣椒一把，蒜蓉一大 匙、花椒一茶匙。另起油鍋燒熱二湯匙 油至滾燙時澆淋於魚片、辣椒、蒜 蓉之上，趁滋滋作響撒香菜末 裝飾即上桌。

糖醋米酒

如同又甜又酸又肉感的初吻

陳

老外好伺候：糖醋就對了！

给老外煮飯這麼多年的经验告訴我，不管你自己喜不喜欢吃，還是學幾招糖醋料理的菜餚，不但如此，還要多準備一些勾芡的糖醋汁。甜‧酸‧的酥炸魚肉，裹上西醋溜的醬汁澆飯，什庅文化滿渠都会唏哩呼嚕地消弭了！

I'm a dangerous girl, so bring me something sweet & sour !

When it comes to Chinese food: I want Solo: Sweet-sour

CHINE
REST

糖醋醬汁，不論搭配什麼肉類皆可，其實有它的黃金比例，掌握得宜後就可以自行彈性加入任何葷素食材。

黃金比例：

米酒：醬油：糖：西昔：水 ＝
   1 ： 2 ： 3 ： 4 ： 5

許多糖醋食譜都主張用蕃茄醬，其實是完全不需要的。若想炒出油亮的紅色，則把糖一半換成冰糖，先用冰糖炒出棗紅的糖色，再加入剩下的調料。

Sweet-sour is the One！

It's the sweet & sour spell！

Sweet-sour is an attitude！

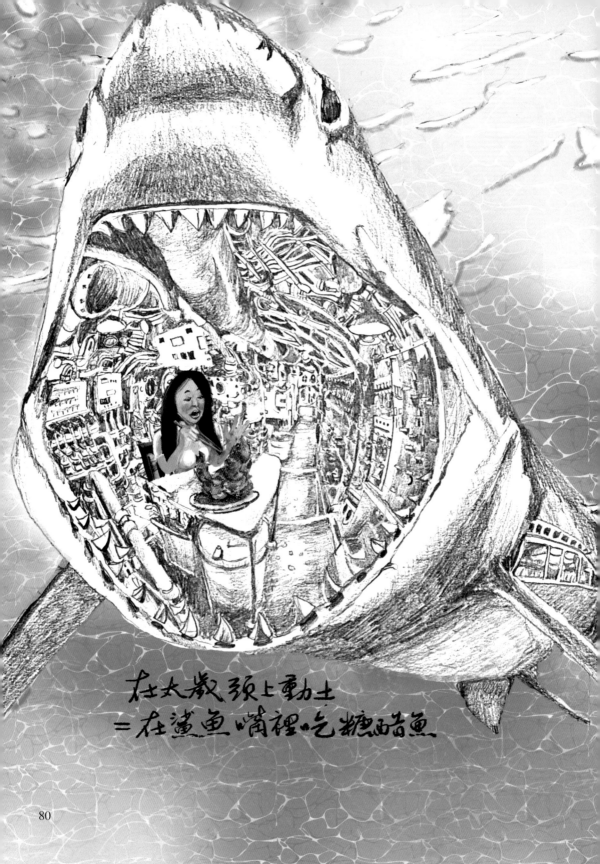

在太歲頭上動土
＝在鯊魚嘴裡吃糖西昔魚

其實我在德國鄉下很難買到整條魚，就算買到，花了大把精力刮鱗片、去內臟、剪魚鰭，最後端上桌，還是經常會嚇到、怕看到魚表情的德國客人。而且說實話，煎一整條魚所需的大鍋子我還欠缺。不過，你若是仍願意做一整條魚，做完以上的清理手續，在魚背上劃幾刀，再抹鹽、淋酒、撒薑絲，醃一下。記得一定要用"不沾鍋"平底鍋。用多一點油，醃好的魚提起，兩面沾芡粉，或者地瓜粉，下鍋用中火慢煎，直至兩面焦香金黃。

我通常都買德國超市提供的整理好的魚排400~500g，切成小塊，用鹽1/2茶匙、米酒1-2湯匙、薑泥抓一抓，醃製片刻。鍋中倒入炸油，油量言碼布滿鍋底。

魚片要下鍋前才裹炸粉，一一下油鍋慢炸，直至金黃焦脆再撈起，一旁待命。

洋蔥半顆切塊，青蔥兩支切段。用剩餘的油先炒洋蔥，再倒入冰糖三湯匙炒出糖色。接著加入酒一湯匙、醬油二湯匙、烏醋四湯匙、水五湯匙。最後再用一湯匙的調水芡粉勾芡。把魚撈進鍋內一起煮片刻。

可視個人口味再加一些青豆、煮過的胡蘿蔔、撒蔥段。起鍋前淋木一點香麻油。

81

三杯

這個料理辦法是許多台灣遊子的第一次。包括我那個從小不愛吃薑的大兒子，他搬離家去念大學的時候，唯一敢在學生宿舍廚房露一手的菜餚就是三杯雞。

「三杯」是哪三杯，回答您是一杯麻油、一杯醬油、一杯米酒。比例當然不是1:1:1。但是兒子沒耐心聽我講完，他逕自1:1:1地去做了。做出來一鍋裡哼哼的麻油醬油雞湯，不似家裡吃的一鍋收汁收得乾乾的、黏滋滋的。無妨，做菜就是不斷實驗，從錯誤中持續改進嘛。

他第二次做「三杯」，不再用滿滿的一杯，而是各兩大勺是矣。第三次做，終於聽了娘的嘮叨：不要翻炒兩下就迫不及待地起鍋盛盤，而是讓醬汁在小火上蒸發濃縮一陣。

最好吃的「三杯」，是當薑片都吸足了味，乾鍋收汁時甚至捲曲了起來。把三杯做對了味，令不愛吃薑的也愛吃薑了！

做三杯小/中卷 和 做三杯雞不一樣之処
就在於,海鮮類不宜久加熱,所以汁水
一旦太多,等它濃縮收汁等太久,鮮嫩
的小/中卷就老硬了。

還有做三杯料理畫龍點睛的一步就是最後加
入九層塔。很可惜,這種熱帶多到不要錢的青
菜德國很難買到。即使偶爾在大城市的亞超
找到,買回家若不馬上用,很快就氧化變黑了。
所以,如果缺九層塔,我就用大量的青蔥加上歐
洲的羅勒,雖然比不上九層塔獨特的香味,還
是聊勝於無。

九層塔-葉片較尖,無光澤.
香氣強烈,枝幹強韌

羅勒-葉片較圓,有光澤.
香氣清爽,枝莖細嫩.

所以小卷和中卷的差
別到底在哪裡呢？
其實就是小烏賊
和中烏賊的差別。
我们除了爱吃它切成
的圈圈，也爱它頭上的
鬚鬚。但德國人很怕鬚鬚，
更怕烏賊眼睛在鍋裡
盯著他看。

材料：兩隻中型烏賊/魷魚、
或者二十隻左右小烏賊。

薑片＋米片。
大蒜拍過 5-6 粒
辣椒層碎
碎冰糖一茶匙
醬油二湯匙
米酒二湯匙
花生油或菜籽油一湯匙
黑麻油一湯匙
九層塔葉子一大把

做法：熱一湯勺花生油或菜籽油
先爆香薑片、大蒜。
鍋內加入醬油、冰糖(有助上色)
拌炒，待醬色濃郁，加入小卷或中
卷，再淋米酒。
待汁水漸之濃稠，關火撒下九層
塔，即可盛盤上桌。

蝦仁 & 蕃茄 的往日情懷
The Memory of Prawns in Tomato Sauce

Tomato Bubble

Tomato bath

茄汁大蝦

Tomato shower

Tomato embracing

帶著微笑回憶.....

茄汁蝦仁這道菜在德國客人中意外地受歡迎。我猜是因為用了西方人熟悉的蕃茄汁，顏色紅紅的，味道甜甜的，蝦仁炒得脆脆QQ的，大人小孩一口一隻，讚不絕口。

做這道菜的靈感從何而來的呢？其實是我想起多年前在舊金山的漁人碼頭嚐了當地據說著名的龍蝦：鹽水裡煮熟的大龍蝦就沾最普通蕃茄醬吃，让我禁不住直喊浪費，可憐肥龍蝦被糟蹋了。却見一旁美國人吃得津津有味。於是我想，如何把蝦肉和蕃茄醬適度調味做出一道中西老少都愛吃的好菜。而實驗的過程就是

一個字：**FUN!**

這道菜我手隨時可做,
因為我用的是冷凍的,
生的大蝦仁。當然,你
若在市場買到新鮮帶殼
帶鬚的蝦子,稍做整理,
比如說剪開背,抽去泥腸,
也是可以的,其實帶殼的蝦
會使醬汁更添鮮蝦味。會剝蝦的人吃
指之間更是提升吃蝦的樂趣。但是,不是
我誇大其辭,99%的德國人都是不會剝
蝦殼的,而且也買不到新鮮蝦子,於是
取材冷凍生蝦仁成為方便的好方法。

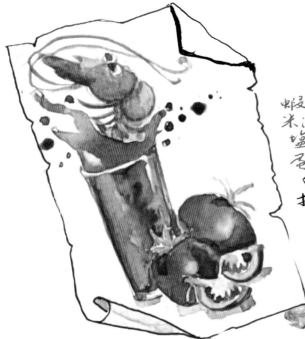

蝦仁約300g,用醃料:
米酒一湯匙,
鹽 ½ 茶匙
香清一丁
白胡椒粉少許
抓醃過至少15-20分鐘

通常,如果我買到菠菜,就先
清炒菠菜,再把菠菜圍著
圓盤子繞一圈,中間留一個圓
洞给一會兒炒得晶瑩紅通
的茄汁蝦仁。
這樣綠葉環紅蝦段真是特別
好看。

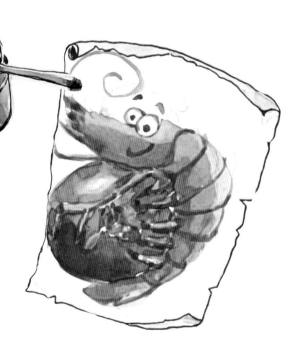

接著,放入四湯匙油起
油鍋,先爆薑片四五片,
炒至上色,再下蒜粒一湯
匙,下醃好的蝦仁同
炒,炒至蝦仁微々捲
翹,倒入綜合調味料:

蕃茄醬 2 湯匙
辣豆瓣醬 1 湯匙
糖 1 大匙
鹽 1/2 茶匙
醬油 1/2 湯匙
白醋 2/3 湯匙
水 2 湯匙溶化
　1 茶匙的芡粉
麻油 1 湯匙

最後撒下一把蔥花,
就可把茄汁蝦仁倒
綠色青菜的中間。

白身魚の強火

柚子酢の

我第一次看見阿拉斯加大棕熊捕捉鮭魚的影片時就這樣幻想了：棕熊的肚子裡面就是一個迴轉壽司吧，浮世繪裡的壽司師傅就在棕熊的屁股上閘扇閘門，棕熊屁股裡就會輸送出一个个鮮美的壽司、手捲、握飯糰。

傳統的生魚片調味其實很簡單,就是醬油內摔
入 Wasabi 芥末,頂多再在其側放幾片醃生薑罷了。
若干年前我在米蘭的 Nobu 新創日本料理初嚐他
們的「新式 New Style 生魚片」一捨棄芥末,改用
柚子醋調味,入口無比的清新爽口。後來
我經研究、改進,做成了這道菜。可惜我家附
近的超市買不到一級的鮮魚,但只要進城,去到
大魚市,肯定買一塊高鮮鮭魚切片,把柚子醋汁
一淋下,平時不吃魚,怕辣不吃芥末的客人,全
都搶著下箸,我家餐桌上消化鮭魚的速度
可以媲美了阿拉斯加的大棕熊了。

捕鮭的大棕熊閒來讀了陶淵明的
"歸去來兮"辭，想了想，下次在瀑布上
捕鮭的時候就引吭高歌了：
鮭去來兮，大熊好餓，汝何不歸？
再問，鮭魚好貴嗎？答：不貴、不貴！
三文錢而已。

其實日式柚子醋的柚子並非華人所認得的
文旦，也不是葡萄柚，就是一種很酸、很多籽
的橙而已。而這裡要分享的柚子醋醬汁
也稱ぽん酢。市面上買得到現成的ぽん
酢，它是已經混入檸檬或酸橙的調味料。
但是我介紹的這款非現做才能達到意
想不到美味。
建議購買純柚子醋（如圖）

新鮮鮭魚300-400g,用利刃橫切成薄片。
並淋下以下醬汁。

把青蔥切得極細碎,置於
冰水裡保鮮保色。

混合以下食材:
一小瓣大蒜碾成泥。
薑泥 1/2 茶匙
白芝麻 1 茶匙
柚子醋 2/3 湯匙
醬油 1 湯匙
米酥林 2/3 湯匙

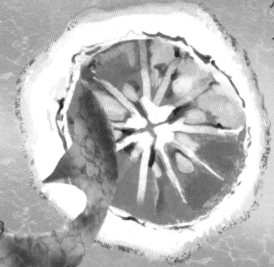

在小平底鍋裡加熱
2 湯匙純橄欖油
1 湯匙芝麻油
燒得象熱時淋在生
魚之上。

最後徒手撈出冰水裡的蔥屑,擠乾水
分,撒在生魚上便可上桌。

99

Oyster Omelet

蚵仔煎

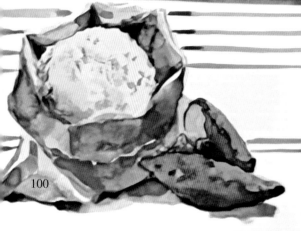

100

有一年的農曆除夕夜，我一個人在家。
世界上1/4人口都慶祝的大節日，在
德國鮮為人知。網路上人人曬
出豐盛的圍爐年夜飯，而我望
向飄冰雨的窗外，自覺該為自
己，至少儀式性的，做些什麼。
於是我挖出了冷凍櫃裡的凍牡
蠣，悶了一包地瓜粉，調了一碗紅
橙色的甜辣醬。憑著多年逛夜
市的回憶，我嗶~嗶~嗶~
地煎出了我個人的、揮霍下蚵子的、
思鄉的蚵仔煎！
恭禧發財，萬事如意！
唏哩呼嚕吃了蚵仔
煎，異國的年也過得
很吉祥。

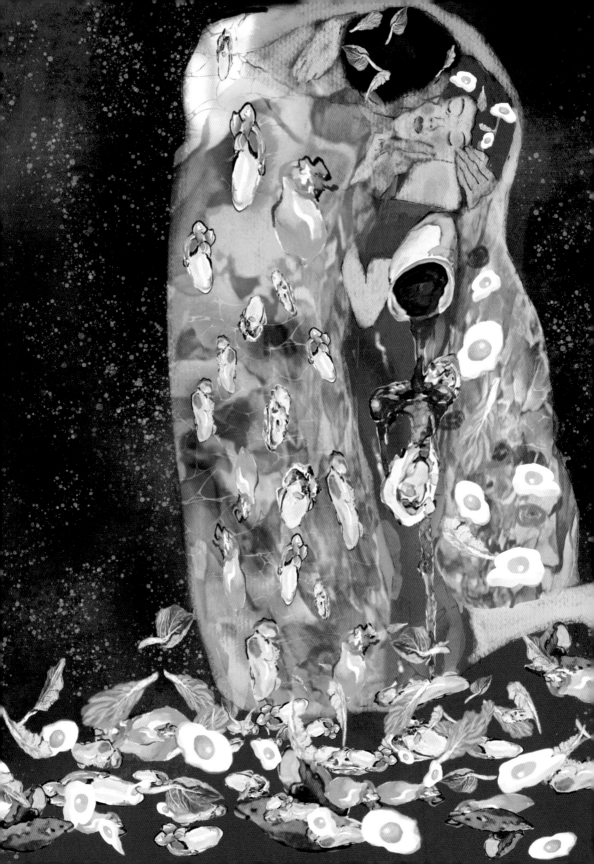

Gustav Klimt 在創作他的名畫 "吻"
的時候，真的沒有先吃過一份
蚵仔煎嗎？我懷疑……

食材(一人份)
牡蠣2大匙，雞蛋1~2顆
青菜(小白菜、茼蒿菜、空心菜、皆可)適量
粉漿：地瓜粉2湯匙、太白粉1湯匙
　　　　麵粉1/2湯匙、水130ml、
　　　　鹽巴1/2茶匙　以上調勻。
紅醬汁：辣豆瓣醬1湯匙
　　　　味噌1/2湯匙、番茄醬1湯匙
　　　　糖2茶匙、蒜泥1/2茶匙、太白粉一小匙
　　　　冷開水110~120ml

做法：1. 牡蠣用清水輕輕洗淨。
　　　2. 將醬料煮勻，稍黏稠便可離火。
　　　3. 粉漿調好後靜置20~30分鐘。
　　　4. 起油鍋，先下瀝乾的牡蠣，
　　　　　直至牡蠣微微縮小，再下粉漿
　　　　　2~3匙瓜，煎至粉漿呈透明狀。
　　　5. 沿著粉漿邊緣淋一點油，
　　　　　煎得粉漿焦香而酥脆。
　　　6. 倒入蛋液，趁蛋液滋潤，
　　　　　下青菜段。蓋上鍋蓋片刻，使
　　　　　蛋和青菜熟透。
　　　7. 用2支鍋鏟協助起鍋。
　　　8. 淋上紅醬汁就可以享用了！

107

親愛的四季豆細腿大哥：

當您倚著牛奶瓶讀信的閒時，我們一群「本是同根生」的豆莢弟兄們正被摔入炒鍋中，成為一盤身為豆莢最驕傲的存在：「乾煸四季豆」。我們替你惋惜，無法加入我等乾煸料理的行列，而只淪為土豆人區區的一雙細腿。

我們何其幸運，沒被拿去水煮，或剁成豆末，而是能在熱油裡煸得又皺又軟，最後吸足了味道，精彩上桌。

前輩們曾多次講述他成為「乾煸四季豆」之豐功偉績。我記得一位學長跟我們說過，遇到一位痛恨吃豆莢菜的德國人，他說從小吃怕了他媽做的：煮得極軟爛的豆莢段，專門用來作為德國炸豬排的配菜，吃進嘴裡唏唏作響，他特不愛吃。

直到他初次嚐到 Cindy 做的乾煸四季豆，又酥又軟，炒得乾爽，不似德國菜一一個勁兒地浸在汁水裡；乾煸四季豆看似無醬汁，但味道超過一切醬汁，是謂「白飯殺手」也。

最後但願土豆人多作腿部重訓，讓細細的豆莢腿長出凹凸有致的肌肉

Sincerely，乾煸四季豆 敬上

message on a tea bag...

在茄子料理的那一篇我提到,茄子不論
煎煮炒炸烤或凉拌,都需要一个先加熱
处理至变軟的手續。這点,四季豆也是。
雖然用氣炸鍋也可以使四季豆变軟,但
是也会把四季豆烤得乾巴巴的,很影响
嚼感。再者,處理四季豆,非煎得熟
透不可,半生不熟的四季豆有毒素,不
可食。

其实,四季豆還是用油煎炸
方能達到最理想的口
感。如果真的不喜欢
油炸,則建議在氣炸之
前務必淋油。氣炸時間和
温度为:160°C 5 min 拿出来翻
攪一下,再180°C 5 min,再拿出来翻攪
一下。最後200°C 2min 再炸一次。

如果是用油炸,就多用点油,让四季豆在油中
来回氣翻攪,不使变黑变焦,只讓表皮微微起
皺紋,即取出油鍋。

炸好的四季豆擱在一旁待命。

準備大約60g的絞肉.蒜片半湯匙.薑末一茶匙。辣椒一支切成小段。
用鍋裡炸四季豆剩餘的油先炒香絞肉.炒久一點.直至略焦脆。

倒下蒜片薑末及辣椒屑一起炒;
待香味溢出時下小碗中的綜合

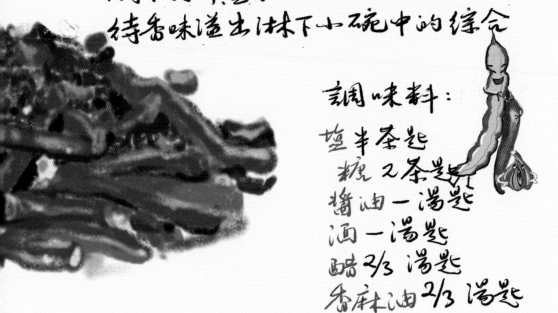

調味料:

鹽半茶匙
糖 2茶匙
醬油一湯匙
酒一湯匙
醋 2/3 湯匙
香麻油 2/3 湯匙

PS.蒜巴可用一小茶匙豆豉或榨菜屑替
代。若嫌鮮辣椒不夠辣則可
另外再加一小勺油潑辣籽。

烧椒茄子

Eggplant with roasted green peppers

＋

味噌烤茄子

Baked eggplant with miso sauce

112

飄．手似丁之化鶴

遙．然似莊之夢蝶

抽大煙的茄大爺

113

離開台灣後才知道原來世界上还有這麼多種茄子，也才終於搞懂，為什麼我們熟知的瘦長茄竟会有個英文名：Eggplant，因為東南亞細長茄的欧美表哥長得又短又胖，还真像個駝鳥蛋。不管是哪一型的茄子，烹調茄子之初都不禁詳異：
"茄子要用這麼多油才煎得軟呀！

用煎的想軟化我们，只能用大量的油！

感謝氣炸鍋和微波爐的輔助，茄子可以省油
地被軟塌。不論是用氣炸鍋还是微波爐，都
建議要先淋一點油。

18080°C1 0 min in.

88009900 W
88min.

茄子軟塌了之後再處理煎煮炒烤，
不但省油而且省時间！

多年来我遇到過多不勝数的揚言不爱
茄子的客人，估计都是吃過过油、
过硬、不吸味的茄子。他们驚评於
茄子的美味，並把這段重新認識
不可思議的「茄遇」记錄在Cindy的
家的餐桌上。

一 選擇瘦長茄子三條或者胖茄子兩个。
一 先把茄子用氣炸鍋或微波爐軟化。
　做燒椒醬汁：
　　參照「虎皮尖椒」(P.148) 的做法處理
　　青紅辣椒七、八根。
一 起油鍋爆香薑屑一大匙。
一 再倒下去過籽的青紅辣椒焗出虎皮。
一 加入調味料：塩 1/2 茶匙、醬油 2 湯匙、
　糖 1 茶匙、香麻油 1 湯匙。全部壓出搗爛
　即成燒椒醬。
　(註：碳火燒烤時順道烤幾根青椒，待
　烤出虎皮，再拌入調味料搗成燒椒
　醬，這樣做出的燒椒醬別具碳火風味。)
一 把軟化的茄子掰開成小長條，澆上燒椒醬，
　再碾爛 1-2 大蒜用清水稀釋，維淋一大匙
　蒜水、撒香菜屑裝飾之。

－胖茄子剖半,在茄肉上劃幾刀.淋一點油
用氣炸鍋或微波爐軟化。
－軟化後的茄子塗上調味料:
　每半個茄子我用
　味噌一茶匙.糖一茶匙.味醂一茶匙.
　甜辣醬一茶匙.油一茶匙。調勻。
－放入預熱220℃的烤箱上火來烤10分鐘
　就好。
－拿出來撒上柴魚屑和(切得極細泡過
　冰水的)蔥花。

麻婆豆腐
MAPO TOFU

麻婆豆腐

每次旅行中最想念的，莫过於自己煮的菜。
回到家一冲完凉，衣服还来不及穿，就开始煮了。
煮麻婆豆腐最快，而且最下饭。
当花椒和辣豆瓣酱香味溢出，脸上就会
配合着刷啃地长出麻子，连麻婆都会下凡来祝福。

我不得不吐一吐　对这道菜的诸多疑问：
麻婆，据传是一位　生在四川成都·清朝同治年间。
很会煮煮豆腐　的婆婆。我知道四川人惯称老
妇人为「老婆」。可麻婆若是在成名前搬到其他
省份去，被人称呼为「老奶奶」，
那这道菜不是要叫「麻奶豆腐」
了？不行，「麻奶豆腐」让人以为
是芝麻调味乳烧豆腐，
想像味道似乎有点噁…
她若是搬到中国北方，那边都称呼
老妇人为「姥姥」，那么菜名就得
改为「麻姥豆腐」，那么这块豆腐
肯定特别老硬；若搬到闽南，奶奶改称为「阿嬷」
就要叫「麻嬷豆腐」，吃完
了辣的喷火，蜀人肯定麻利。

以此類推，這道菜的通用國際譯名根本譯錯，麻婆豆腐非 Ma-Po Tofu 也。因為「麻」非麻婆姓氏，她本姓陳。「麻」就是指她一臉痘疤之意，英文名就該改稱 Grandma Pock Tofu.

要是我賣美白、治斑王、祛疤的美顏聖品，一定這樣拍一支廣告：找个三八阿花的女星演麻子婆婆，路上叫賣豆腐，可憐人家小鮮肉都不理她，不買她的豆腐。她痛定思痛，回家敷了豆腐渣面膜，第二天回春白皙，痘疤全消，再賣豆腐，帥哥鮮肉大排長龍，豆腐供不應求！麻婆自此改名為「白皙麻夫人」，「麻」指「麻辣」，越「麻辣」越美白。

121

新鮮食材

- 嫩豆腐或傳統豆腐一塊

300~400g

- 豬或牛絞肉 100g
- 大蒜粒拍過再切碎 一大匙
- 辣椒粉或甜紅椒粉 一茶匙
- 蔥花或香菜末 一大匙

調味料

- 花椒粒 一大匙
  (或者花椒油.花椒粉)
- 乾辣椒 5.6粒(可省)
- 辣豆瓣醬 一大匙
- 鹽 1/2 小匙
- 醬油 一大匙
- 米酒 一大匙
- 水或高湯 一小碗
- 太白粉水 一大匙

料理步骤

1. 將豆腐切成小丁
2. 起油鍋先炒香乾辣椒及花椒，撈起。
3. 用炒過乾辣椒及花椒的油炒散絞肉。
4. 下蒜碎、辣豆瓣醬炒香。
5. 下豆腐丁，以鹽、醬油調味
6. 倒下水或高湯，蓋上鍋蓋，小火煮透，使之入味收汁。
7. 以太白粉水勾芡，讓汁液變黏稠。
8. 撒回之前炒過的乾辣椒。
9. 如果之前沒有爆香花椒粒，滴幾滴花椒油或者撒花椒粉。
10. 撒胡椒粉、淋香麻油。
11. 以蔥花或香菜碎裝飾

123

乾 The

焗 Aged

杏 King

鮑

Oyster

菇 #

Mushroom

124

不論朝哪個方向望去，防禦駐青春的面膜、面霜、化妝品、醫美手段……比比皆是。俗話還說「這个世上沒有醜女人，只有懶女人」，也就是說，「愛美」不但是人的天性，說在現今這個世上，還是為人的義務，否則就会淪落亇「又醜又懶」的罪名。

在這前提下来做這道菜——乾煸杏鮑菇，英文名我把它定為 *The Aged King Oyster Mushroom*。刻意要把白嫩、充滿膠原蛋白的青春菇片心狠手辣地煸炒至又乾又老又皺，炒到它變得如同腐纸一样的乾皺，才用孜然粉及醬油蠔油調味。真是說不出的療癒！

闗於美貌

德國的服飾、傢俱設計，慣以「功用」為前提，好不好看是「只可意会，不可言傳」的附加價值。事實上，廠商就怕被人口實，就怕產品讓人說得太好看了，淪落亇「金玉其外，败絮其中」的形象。所以越是嚴謹經营的品牌，越是只強調材質、技術，包裝則儘量走素淨路線。

亞里士多德把萬物分為二：必要質 essential properties 和巧合質 accidental properties。他跟學生說，就像「理性」為蘇格拉底的必要本質，而他的「蒜頭鼻」就只是一種巧合質。意思就是說，如果把蘇格拉底送去医美一番，给他墊亇俊挺的鼻子，他還是理性的哲学大家——蘇格拉底；但若拿走了他的「理性」，有再俊美的鼻子也不復蘇格拉底了。

蘇格拉底的
必要質 vs. 巧合質

那變美怎麼辦呢？憋著不說「哎喲好煩哦！又長了一顆巨大的痘痘／頭髮一遇潮溼就毛燥膨脹起來／小蠻腰變成水桶腰啦……」可有多難過啊！可是一直說就會把本來「巧合質」的皮膚、頭髮或腰枝變成你的「必要質」。為了強化真正必要質，這個文化逐漸把人的渴望美、渴望因美貌而迷人的願望轉換成「毅力」和「理性」—運動、定息作息、攝取營養、化妝護膚、注重儀容……不是「為悅己者容」，而是因為：要做自己的主人！

他們不談美貌、美不美、修不修過幅、某個人風格看到了誰美，在心裡打個勾記得就好，沒什麼好談論的。成人圈圈裡鮮少會有談論私人護膚、身材、臉蛋大小、買包買鞋……等類似人「時尚媽咪」的個人秀、綁頁出現。要說的、全是「道你是你、我是我、他是他、我就偏偏跟你不一樣」的活動與看法。

其實我一直信仰這句話：

這裡没有流行,只有風格!
！！！！！！

127

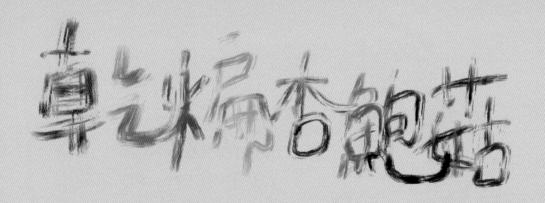

享乞米扉杏鮑菇

- 杏鮑菇 4 顆肥肥胖胖的, 去掉大菇頭,
  以削皮刀剃下薄片。

- 熱火爆香蒜末

- 放入杏鮑菇薄片翻炒。它会先出水,
  呈潮溼狀,這時应继續爛炒,讓水
  份蒸發.菇片的体積会逐渐缩小,愈
  來愈乾.愈來愈當皮。

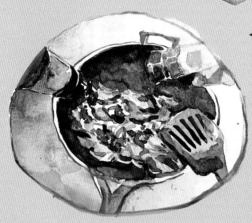

－加入調味料：
醬油 2茶匙
蠔油 2茶匙
糖 1/2茶匙
玟穌粉 少許
白芝麻 1茶匙

杏鮑菇一定要炒至
表面金黃再加醬汁。
這是一道全素，却极
有嚼勁。像肉乾。

乾鍋白花菜
Dry Pot Cauliflower

欧洲人车來就喜歡用奶油和乳酪來烹調經常做出白白、稠稠的菜餚和醬汁。碰到乳白色的白花椰菜，更是只會用更多的鮮奶油來調味了。他們第一次嘗到爆炒得酥脆且不滴汁水的乾鍋花菜，都相當不可置信。

為什麼不可置信？因為白花菜向來都被認定是清淡淑女，誰知被這些辛辣的對象頻頻求愛，她說好吧，你們都上來，咱們全跳下炒鍋，幹一票爽快夠味的！

老椰女王，我是臘肉，嫁給我吧！

個人覺得川菜裡面的乾鍋、乾煸…"乾"這個字實在是太難翻譯成西文了。"Dry"這個字一出現，老外都不要吃了。

花椰陛下辣椒王子向您求婚！

你去專門開給老外吃的中餐館去看，樣樣菜餚都泡在汁水裡，濕答答的。

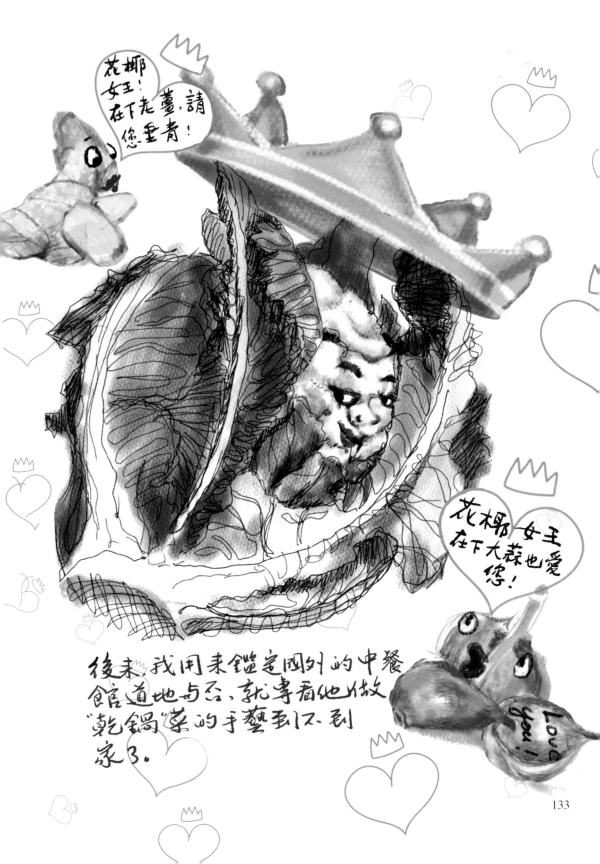

花椰女王！在下老薑,請您垂青!

花椰女王在下大蒜也愛您!

後來,我用來鑑定國外的中餐館道地与否,就專看他做"乾鍋"菜的手藝到以到家了.

乾鍋白花椰菜:

1. 白花菜大約半棵切成小朵.洗淨。
2. 五花肉約100g切成薄片.用醬油
   一湯匙.糖一茶匙.酒一湯匙略々
   抓過.(如果吃素,可將肉片改成杏鮑菇。)
   醃抓過的肉片或杏鮑菇先用2湯匙
   油炒散.炒至略微焦黃捲曲.盛出
   備用。
3. 乾辣椒一把略炒過.直至
   冒出香味.盛出備用。
4. 花椒一小勺也在油裡炒出
   香味.撈出。
5. 豆豉一小茶匙泡軟備用。
6. 大蒜2-3粒切片.薑片4-5片.蔥一支
   切粗段.(如果有芹菜梗.加切根也
   很添香)
7. 用爆過辣椒和花椒的油炒花菜.
   下蒜片.薑片同炒.撒鹽1/3茶匙.
   醬油1湯匙.蠔油半湯匙.米酒1湯匙.
   糖一茶匙。
8. 倒下芹菜梗及豆豉同翻炒.直至
   白花菜各面略呈焦黃。
9. 重新傾入乾辣椒.並撒下蔥段.
   白芝麻.便可盛盤上桌。

備註:1.白花菜洗淨後泡在冷水裡片刻
   再烹調。2.白花菜不似綠花菜.不必用
   水煮過.適合直接加熱.炒至焦黃
   特酥脆。

請兩位練西洋劍的朋友來
家裡吃飯，看我刷～刷～地
炒菜，他們決定下回拿劍
改用炒菜鏟子練武功啦，

Two Sauces :
兩種不可或缺的醬汁

1. 5-spice sweet soy sauce
   五香複製甜醬油

2. Spiced chili Oil
   油潑辣籽

我家裡收藏的川菜食譜各派大師
作品有好幾本，多年來我盡心竭力地
照著做，把多種醬汁、糖、薑蒜…調在
一起，還行，但是一去正宗的川菜館，就
氣餒了，覺察出我的調味還是望塵莫及。
可惜就是說不出來究竟缺少了哪一味。
並到我親自去了趟成都，得知所謂的
「複製醬油」，才讓我醒悟過來：原來最老
版的傅培梅食譜在備註裡提到的：不
妨自己熬一小鍋「五香甜醬油」放入冰箱
隨時備用。原來成都人說的「複製醬油」
就是傅培梅前準提及的「五香甜醬油」。
就是這个自製醬汁造成了教人驚豔的
美味：蒜泥白肉、夫妻肺片、担担麵…
樣樣少不了它！

至於說油潑辣子，市面上賣的不少，許多味
道也不錯，但是幾乎各家各牌都摻了許多添
加物，自己做實在十分簡單又方便。
經驗告訴我：大蒜、蒜泥、蒜水…不宜摻入以
上兩種醬汁。大蒜加熱並保久會失去香味。
蒜味最好還是做新鮮的，建議當場現切
現加。

複製五香甜醬油是川味涼菜的關鍵！
它至關重要,却绝對買不到,非靠自己动手
熬製不可。
材料：醬油一杯(约250g)紅冰糖半杯,
米酒半杯,薑片若干。五香料八角兩顆、
花椒一小把、陳皮桂皮各一小塊,月桂
香葉一片。
以上全部用小火熬煮10分鐘,待放涼,
濾過一次只留液體醬汁,裝入玻璃瓶
置入冰箱保鮮。

油潑辣籽則是川味涼菜之魂

在一只乾淨的大碗裡盛入約150g的乾辣椒屑、一小茶匙白芝麻、花生米、乾豆豉、一茶匙鹽巴、半茶匙雞粉。

另起小鍋加熱300-400 ml的菜籽油，加入一大塊砸裂的薑塊、兩顆八角、一把花椒、陳皮桂皮各一小塊、月桂香葉一片。香料油用小火煨煮10分鐘。關火後趁熱濾過，把香料油注入裝了辣椒籽、芝麻、花生米…的大碗內。待涼便成油潑辣籽，可放入冰箱保鮮。

燙菠菜淋芝麻醬汁很好吃,簡單爽口
又適合做任何主食或肉類的配菜。
但是我萬々沒想到,它在我的德國客人
裡竟是如此這般的成功.受歡迎。
我的德國客人總說,如果小時候媽々
做的菠菜也這麼好吃,就不會因為吃
不下綠色蔬菜的笑鬧挨罵了。
吃了兩次我的芝麻醬淋燙菠菜後,終於
鄰居兼乾弟法比歐也說要學做這道菜。
我說做這道菜唯一的功力就是擰乾
菠菜。把菠菜從滾水中取出,沖涼

然後努力擰去水分,最簡單的擰法,就是把溼
答々的菠菜用力擰成一个一个球。

一个个搾乾、慄缄的菠菜球攤在盤子上，每个人的
手勁不同，手掌大小不一，菠菜球緑油油、飽張張
地渴求醬汁的淒淋。
一颗顆大球像不像女生美髮院的巨型吹風机呢？

菠菜在滾水裡稍稍燙一下即可便取出
撐乾。德國最常見的菠菜是只有葉子的
Baby spinach. 菠菜燙完從滾水撈出來後
沖涼水。　　沖涼可保持菠菜的鮮綠色。
如果是帶梗帶莖的菠菜, 也可以縱向撐
乾, 撐成長長的一條, 再截成小段盛盤。

帶梗帶莖的菠菜。

只吃嫩葉子的菠菜

如果是葉子菠菜則建議撐成球。

淋菠菜的芝麻醬，我建議買未調味
的純芝麻泥。西式的Tahini 或中式的皆可。

這個醬汁受歡迎無比。除了用來淋
菠菜，也適合用來拌雞絲、小黃瓜、
涼麵或粉皮。

步驟：（適合淋約300g的新鮮菠菜。）
* 純芝麻醬一湯勺，用約二湯勺的清水
  調開，並至油質與水潤和勻稱。
* 1-2 粒大蒜，碾成泥
* 1 茶匙薑泥
* 1 湯匙 五香複製甜醬油（做法見136頁）
  （或者一湯匙醬油＋一茶匙砂糖）
* 1 湯匙油潑辣籽，或者辣味油。
* 1/2 湯匙香西醋。
* 雞粉一小撮
* 鹽巴 1/3 茶匙（榨菜屑一茶匙亦可）
* 1 茶匙花椒油
* 1 湯匙香麻油
以上混合均便成

虎皮尖椒

Roasted paprica in tiger skin

數年前在川菜館吃到這道菜"虎皮尖椒",光看菜名就動心了. 沒什麼比用「虎皮」把青椒又在鍋裡煸得表皮起焦皺形容得更好.

於是令青辣椒穿起虎皮走個跨L的時裝秀.

我嘉隆說,人家不知道這道菜的,看圖會以為是「青椒炒老虎肉絲」,動物保育人士看到了必把插畫家毛毛餵老虎.

矮油我好害怕,趕快去煸虎皮尖椒,以免有略哄騙老虎:吃青椒可以美容皮毛,吃我沒營養……

講到走時裝秀,我不禁想到「德國名模選秀」中的一幕:超級名模 Heidi Klum 要參選的美眉穿熱褲,腳蹬五寸高跟鞋在沙漠陸坡裡走台步.美眉们一個個摔得人仰馬翻,四腳朝天,一臉困樣,Heidi和其他評審一面做出同情狀,一面鼓勵她们,「站起來!繼續走!記住.妳是自信的!妳是性感的!」我每次都覺得電視台这个時候應該搭個秀这音階,抽筋卡通人物之類的.但是沒有,美眉總是自信,性感,然後怯L的令人尊敬地, 走下去……

150

她们不会装可爱地吐舌头、眨眼睛、扭扭捏捏、嗲里嗲气……的样子。德国填充玩具Steiff做的毛茸茸小动物亲敖逼真，没有蝴蝶结或大笨鞋，只有自然信任的表情，不咧嘴笑，不摆姿势。药妆店的洗面乳包装做得直线条设计，不甜蜜也不梦幻。化妆品模特儿没有无懈可击的美肌，倒是强调我行我素的风格。小女生对自己形象最狂妄的幻想，不是大眼睛的公主或魔女，而是骑马。小女生最梦想的礼物，就是Pony小马一匹。她会为地鞠躬量痒、刷毛梳鬃、清洗马厩、马蹄、拍去马屁，就为有一天她能骑上高大壮硕的马背上，驾驭地，叫地往东就往东叫地往西就往西她会居高临下地踢踏而过。给那些玩弹弓、赛车、超人的男孩子骄傲、不屑的一瞥。她们的字典里印得最粗大醒目的字眼就是「自信"Selbsbewusstsein"」，翻遍这整本辞海也找不到「撒娇」这个词。

传统的日耳曼小女孩不爱花俏、不用可爱，致力自然质朴、货真价实，如马的勤勉、狗的忠心、牛嚼青草鸽子点头……

虎皮尖椒這道菜對生活在德國鄉下小鎮
的我而言，選對青椒種類是成功之母。如果
你也生活在德國，千萬別買一般德國超市販售
的肥大又呈圓字臉的綠色 Paprika

Sorry,
I'm not
okay ☹

選擇這种長型青椒，在德國的話，必須跑一趟
土耳其人開的蔬果店，他們青椒种類繁多。

We are perfect. 😁

把青椒的蒂部用手掰掉，
或用小刀挖掉籽。

在鍋裡燒熱薄薄的一層油，將青椒下鍋
煸炒，用鍋鏟輕輕按壓青椒，時不時
翻面，使之受熱均勻。直至青椒表面煸出
虎皮皺紋。

將煸出虎皮的青椒先盛出。
另起油鍋炒香蒜末一大匙。
接著倒入綜合調味汁：
鹽 1/3 茶匙，糖 1 茶匙，
香醋 1 茶匙、醬油一湯匙。

炒至香味溢出並重新倒入
青椒和調味混合，即可
起鍋盛盤上桌。

不是我臭蓋，自從我鄰居得到了我親手熬製的五香橄欖甜醬油和油潑辣籽後，他們吃到沒空好好做飯的時候，就再也不叫漢堡、薯條、pizza等沒營養又急速增肥的快餐了。

我教他們把買回來的絞肉裝入保鮮袋後擀平壓扁，再用筷子縱橫向劃線分隔肉區成小方塊，一塊約50g重，整袋冷凍，要吃的時候就掰一塊出來，壓得扁平的絞肉塊很快就解凍了。

可這樣处理
可隨時少量取出

這樣做出的拌麵肉燥有別於在
汁水中燉煮的滷肉。用一點點的油
就可以把絞肉炒散，而且可以把
它炒得酥、脆的。調味醬汁
則是等到最後拌麵時，才拌進
去。炒散絞肉時我手不用調味
丁興趣的加入榨菜屑，也可以加入
燙過的四季豆碎、青椒碎或芹菜
碎一起炒，不知不覺就吃了好多的
蔬菜。最後依心情燙一截青菜或
一束豆芽，喜歡的話何不撒一把花
生米。這樣美味營養便捷的速食
怎不教漢堡、炸雞、pizza汗顏。

擔擔麵

每碗　　　　　　　　　　需要

50g 絞肉 (豬. 牛. 雞. 羊皆可)
一小塊豆腐乾切細。

料的可加入
煮熟的四季豆. 香菇. 青椒. 榨菜... 切成碎屑。
以上用一大勺的油炒散, 備用。

(除了榨菜本身的鹹味, 以上炒肉末不用調味。)

　　研一瓣大蒜成泥, 用一小勺清水調開。
　　煮麵條、漢青菜. 亦可燙一把豆芽。
　　以上盛碗, 不加湯。
　　加一小勺大蒜水。
　　倒入炒香肉末、豆乾及蔬菜屑。
　　以一湯匙複製五香甜醬油及
　　一湯匙油潑辣子調味。(P.134 + P.135)
　　撒上蔥花或香菜末. 便可享用。
　　記得提醒食客: 麵. 料. 醬要
　　拌勻!

159

手拉拉麵
佐
羅勒青醬

拌麵條的羅勒青醬：
松子：25g　　　新鮮羅勒(或者九層塔)
大蒜 1~2 瓣　　　30~40g
鹽 1/2 茶匙　　　帕瑪硬乳酪 80g

162

滿街食品商家賣麵條的．細的．粗的．
各式形狀．顏色的．手工的．模具切割的．
何時少了？那麼，為什麼要熱費周章
自己拉麵呢？除了自製
麵條真的超級Q彈之外，
這麼辛苦的和麵．等待．使
勁拉．承受可能前功盡棄的
打擊，究竟是為什麼？
我自己分析一下這種心態．必
須承認：1.想在廚房裡
跟食材跳舞．把它們甩
來甩去，像跳Rock&Roll。
2.甩．拉不但自己過癮．還可贏
得掌聲，舞完了既可犒賞自己，又可
報答觀眾的熱烈支持！

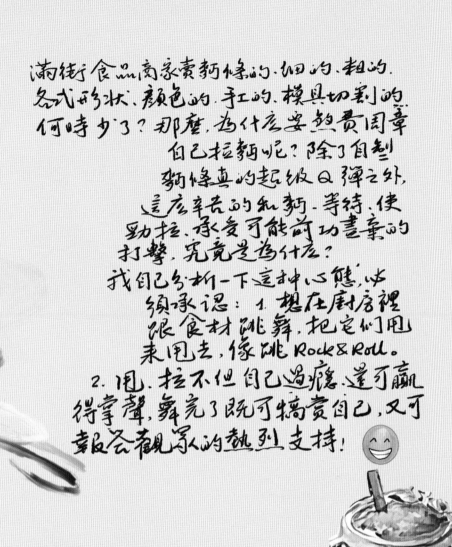

橄欖油125ml
現磨胡椒
以上混合打爛．裝罐。
瓶口用橄欖油封住，
可保存1～2週。
隨時可挖出適量拌麵。

手工拉麵的祕訣就是：麵團的筋度要夠、水量要高、要加鹽、要揉得透、揉得光滑。並且要肯花時間醒麵、揉揉醒醒、把麵團揉得均勻地筋韌、再放置使之完全軟化、以便好扯、好拉，而且怎麼拉、甩都不斷裂。手工拉麵煮熟了會微透明、天然捲、Q彈無與倫比。建議和好了麵糰切割成小條塊、油封住冷藏在冰箱裡、要吃的時候再拿出來，每兩三條一拉、對打、再拉、重複這個動作、並在桌面上甩打。初做不用太在乎粗細一致。拌上任何醬汁都是天堂美味！

164

材料：（三人份·）
中筋/高筋麵粉： 300 g

鹽：2茶匙
水：160 ml·
油封油通常

做法：把以上材料（除了油）揉到手光·盆光·
麵光·蓋上保鮮膜在常溫下鬆弛·醒麵
至少一小時·再次揉開·揉成一个厚麵
餅·如左圖切成粗長條·置入深盤·
用油封住·最好放入冰箱冷藏
過夜·第二日拿出來拉成麵條·
一面拉就一面燒熱水煮·拉
完的麵條不要放置太久·因為
新鮮的麵條易黏易乾·

166

sour & hot soup

酸辣和糖醋料理製造出的甜酸是兩種完全不同的性格。甜酸的味道老少咸宜，也適合給初嚐中式料理老外當作入門菜色。而酸辣呢，作為湯品則最好做給懂得欣賞亞洲菜色的老鳥級老外吃。否則就会像當年我公公第一次嚐試泰式酸辣湯：他以為湯品以麻，喝起來就像西式的洋菇濃湯，或者玉米、南瓜濃湯，柳式是清燉的牛、雞、海鮮高湯。他初嚐又酸又辣的泰式酸辣湯時，破口大罵，還以為是廚房搞的惡作劇。

可是如果做給吃亞洲菜有點心得的德國人吃，仔細觀察他們臉部表情，那是一種發現新大陸的驚豔：
第一勺還有點猶豫，第二勺、第三勺就吃上癮。那種感覺大概可以拿我第一次生吞法式生蠔比擬吧。他們說：像sex，第一次酸．脹．痛．接下来．就是不可言喻！

再者，這湯名實在太我行我素了，下一次客人再来，憶及上回驚豔的酸辣湯，他們已給此菜重新命名為The Bitch Soup：酸就是嫉妒，辣就是性感。酸辣湯就是又性感又充滿人性的味道。

169

材料：

雞胸肉一塊（煮熟後放涼手撕成絲）

豆腐一小塊（選擇硬度較高的,切絲）

鴨血一小塊（切絲）
　（我人在歐洲買不到,也曾
　　用德國血香腸切絲替代）

黑木耳.乾香菇少許
（泡軟切絲）

又酸又辣的熱湯
是一種皓齒的過癮！

筍一支.胡蘿蔔一支（切絲）

芹菜梗1-2支（切絲）

雞高湯或清水一公升
（若用高湯要調整鹹度）

茺粉三湯匙

調水

蛋一顆打散

170

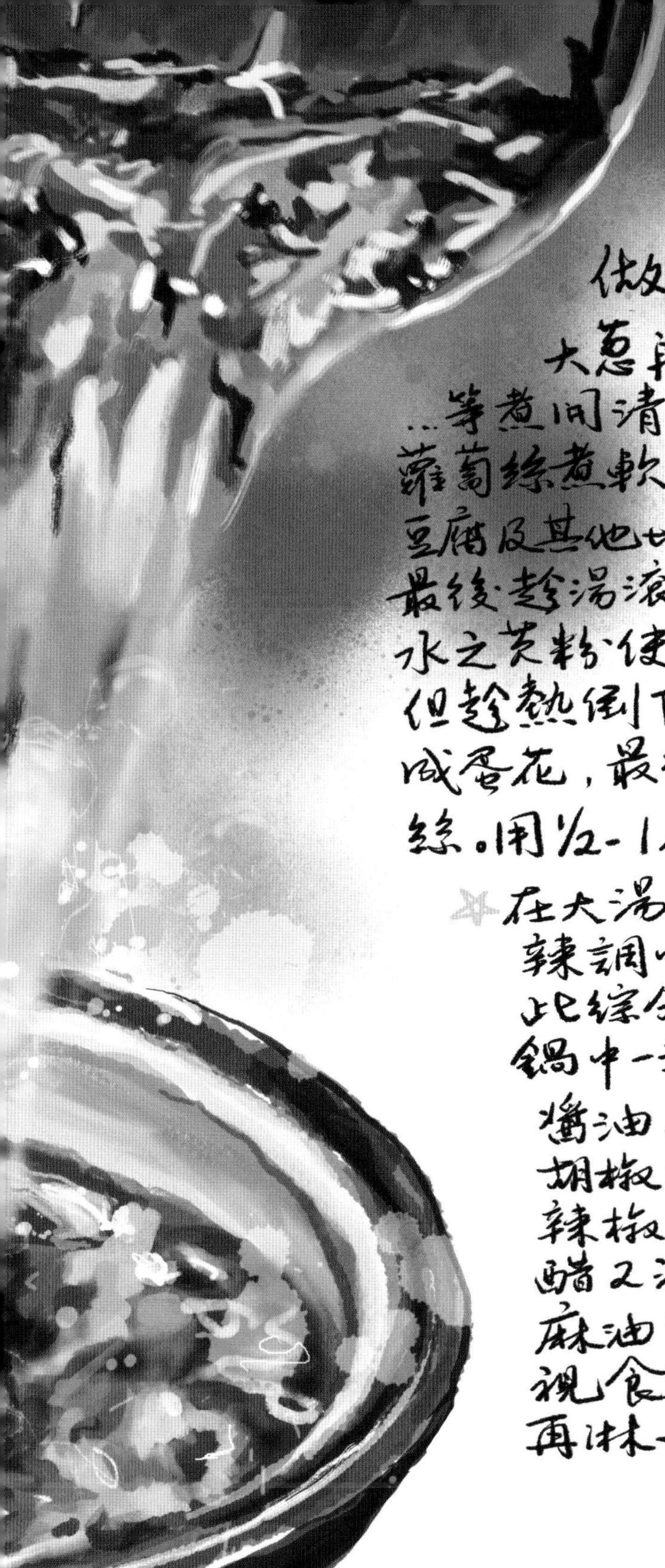

做法：用薑片、
大葱段、当歸、香葉
…等煮问清湯。先放下胡
蘿蔔絲煮軟，再依次放下
豆腐及其他切絲蔬菜絲。
最後趁湯滾，倒下調
水之芡粉使之濃稠，閉火，
但趁熱倒下蛋汁，攪拌
成蛋花，最後才加入雞
絲。用½-1茶匙鹽調味。

※ 在大湯碗底調入酸
　辣調味料（不要將
　此綜合醬料加入湯
　鍋中一起煮。）

　醬油2湯匙
　胡椒粉1茶匙
　辣椒粉½茶匙
　醋2湯匙
　麻油½湯匙
　視食客嗜辣程度可
　再抹一小勺油潑辣籽。

令灰姑娘脫掉玻璃鞋+
放王子鴿子的銷魂

Cinderella's Pumpkin Soup that makes the prince wait

我小的時候挑食，不爱吃南瓜，妈
就会搬出灰姑娘的故事：「乖乖張口吃
南瓜，这可是仙女变给灰姑娘的馬車
原型喔。」

等我自己做了妈，两個兒子對公主王子
的恋愛童话故事毫無興趣，他们偏好
搞笑漫画。萬聖節時我们一起把大南
瓜挖空，鑿穿恐怖的眼睛和缺牙裂
嘴巴。

其实德國人並不怎麼會吃南瓜，特別不
懂得拿南瓜来做甜食。對他们而言
南瓜跟櫛瓜、葫蘆瓜是一家瓜，秋
天時把各形各色的瓜類，加上楓葉、
板栗，裝一籃筐，有好豐富好幸福的
感覺。

去到美國旅行的時候，我驚喜地在超市內找到南瓜泥罐頭，真是太羨慕了。用个罐頭就可以直接調味做成各式南瓜食品。

可惜，在我住的德國小鎮，要做南瓜食品，就得從剖開一顆厚皮南瓜做起。

我通常剖開一顆大南瓜，挖出芯籽，把南瓜肉稍微切小，隔水蒸熟，然後备200g分裝一个小塑料袋凍起來。接下来要做南瓜派、南瓜湯，隨時拿出凍南瓜，就可輕鬆完成。

椰汁南瓜湯

馬鈴薯200g煮軟加入南瓜泥200g
起油鍋炒香大蒜4瓣、洋蔥一个，注入400g清雞湯和100ml的鮮橙汁。
鹽1茶匙，白胡椒適量。
以上，全部用食物處理机打碎。

打碎的馬鈴薯泥会使南瓜湯自然浓稠，不需要再勾芡。

若想增添喝湯食的咀嚼感，可加入沾过麵粉轻煎、以盐调味的雞胸肉。若不愛肉，則加入烘烧过的南瓜籽也不錯。

盛盤後舀入一小勺浓椰漿轻畫圓搅闹，撒一片香菜葉及辣椒屑妝點，就是一道足以果腹的美味湯品。

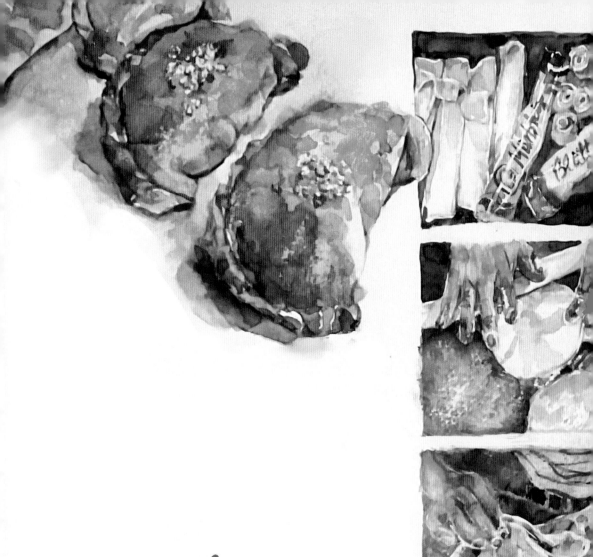

咖哩角

Curry Dumpling

179

格林童話裡被繼母趕出家門的兄妹——漢斯和葛蕾特，在森林裡找到糖果屋，喜出望外，二話不說就開始摘糖果、餅乾、奶油蛋糕，大吃大喝起來。

可是這種歐式甜品騙取不了我的關注。其實「糖果屋」上的美食，換一個文化、國度，大概就得全部撤換。而吸引得了我的糖果屋應該還是提供了中式、台式、亞洲美食的餐桌。

歐式的零食幾乎都是甜食，想解饞吃點鹹的選擇只剩下洋芋片。我經常懷念小時候放學回到家媽媽準備的點心：咖哩角——酥皮包咖哩絞肉內餡。熱騰騰地咬一口，天啊，就算明知是巫婆陷阱，我也願意栽進去。

The gingerbread and
candy house that is
able to seduce me has
definetly some special
offers than it is for
Hans & Gretel.

For example, the Curry
Dumpling would be a good
idea!

咖哩角跟月餅一樣是油酥麵皮,照理說,油皮、酥皮得分開揉、分開擀,最後才油皮包油酥,捲在一起一塊擀可真正麻煩。

但自從我發現了簡易油酥皮混合法,一切變得易如反掌:

只要在德國超市的冷藏架上找到現成派皮麵糰:Mürbteig(英文:short crust)和千層酥皮:Blätterteig(英文:puff pastry)將之1:1混合.兩種麵糰擀開.切成條一上一下重疊再捲起來,再擀開成為一個大圓麵皮。

咖哩肉醬餡料:
牛絞肉:200g.
洋蔥1顆剁成小丁
鹽1/3茶匙.糖1茶匙
醬油一茶匙
咖哩粉1茶匙
黃咖哩醬1湯匙
月桂香葉一片
一湯匙麵粉用2湯匙清水調開.

以上.依次用平底鍋炒開.一一加入.炒成濃稠的咖哩醬。

一個麵皮包一大湯匙咖哩肉醬。

182

像包餃子一樣,先捏緊中間,再一一
捏緊边緣
再一點一點地折花捲边。

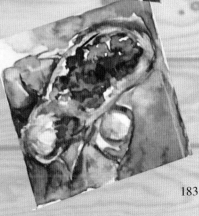

烤箱予頂熱、
190°C

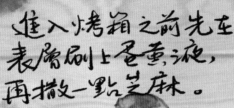

進入烤箱之前先在
表層刷上蛋黃液,
再撒一點芝麻。

在烤箱内烘
烤15分鐘。

妝點得宜則
是小朋友下课
後的美好點心。

183

我第一次做舒芙蕾興致勃勃，在大盆子裡混合好了所需材料，蛋白霜也如願打得堅挺，烤箱在預熱……的當下才發現，我沒有七、八個相同的烤布丁容器，於是東湊西湊，用了茶杯、飯碗，大小形狀不一的碟來盛裝香糊，並置入烤箱加熱。

舒芙蕾在烤箱裡如期地發脹，我心
雀躍。隔了幾分鐘再來看，我的老天鵝，
烤箱裡的舒芙蕾，一個在不同形狀、深度
的容器裡發脹得不可收拾、束倒西歪。
拿出了烤箱，遇冷它們又時快時慢地回去，
縮成一個歪七扭八的模樣。
一時間我怎然看到外星球上一個個不規
則的隕石坑。
這一輪舒芙蕾是烤給太空人吃的
星際甜點！

舒芙蕾是法文souffle的音译。而Souffle則是souffler的過去完成式。souffler這個原型動詞意指"吹"、"呼吸"、"漲"、"泡腫"…的意思。所以光聽這個字就不難想像它有多蓬鬆了。

一般其他的鬆糕鬆餅用泡打粉.使之膨脹.舒芙蕾依賴的是泡打堅挺的蛋白霜。要把蛋白打到如此白棉堅挺我覺得電动攪拌器是必要品。

最近流行用平底鍋煎出來的舒芙蕾鬆餅,適合家裡沒有烤箱的朋友試。不論是烤箱舒芙蕾还是平底鍋版的,其麵糊的做法都是一樣的:

← 电动攪拌器

材料（用此分量可做出10个左右的舒芙蕾布丁式鬆餅）
準備二只大碗,打四个蛋
蛋白和蛋黄分阅。
蛋白 裝一個碗,蛋黄裝一个碗
（裝蛋白的碗一定要乾净,絕不能有殘水或油）

在裝蛋黄的碗裡加入麵粉.90g,融化奶油20.g.優格(原味或香草口味)80g.泡打粉4g.香草精塩一小撮。以上輕柔混合.太重攪拌会造成麵粉起筋,煎出來的餅会欠蓬鬆。

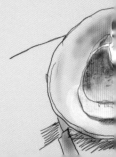

用電動攪拌器打蛋白，並陸續加入砂糖40-50g（視乎檸檬甜度調整糖量）一直打發直至蛋白堅挺白皙。（蛋白打發之前可略加入檸檬汁數滴，有助於打發成功。）

少量並分批地把蛋白霜漸次地拌入蛋黃麵糊裡，很輕地由下往上翻拌。千萬不要用力畫圈攪拌！

烤舒芙蕾布丁：
烤箱預熱180℃，把以上的麵蛋糊平均倒入小模子內，用刀边把表面抹平（抹平後它就會平整地發漲，不會烤成我的第一次—外星球隕石坑舒芙蕾了）。烤15分鐘左右就完成了。撒上糖粉便可趁熱上桌。

煎舒芙蕾鬆餅：
選用不沾鍋的平底鍋，小火先在鍋底抹一層薄的奶油。再一勺一勺地下麵糊，每一坨麵糊都是一個鬆餅。可以在鍋底滴一點水，蓋上鍋蓋燜烤一下，有助於鬆餅內部的熟度。小心翻面。撒糖粉或楓糖漿食用。

我兒子回家遠距上班時，就做舒芙蕾鬆餅給他當點心吃。

檸檬塔 Tarte de Citron

每個人都喜歡夏日炎炎裡的酸滋滋檸檬味，像果凍布丁質感的檸檬香堤派有平滑的光澤，像出了一身檸檬香汗的美少女，讓人禁不住想捏一把，想咬一口。有這種衝動的時候不建議你去美少女那裡試運氣，還是去烤個檸檬塔吧。

如果真的烤成了黃澄澄的檸檬塔，
端上桌的時候請穿一襲鮮黃的套裝，
千萬別奶油。顛粉沾一頭一臉地
送上糕點，一定要努力，即使早就不
是妙齡少女，也要符合檸檬劇
情地，喚起初戀時又甜又酸的
回憶！

多年以來我一直遵守當年婆婆教導的準則：烤水果派皮 麵粉：奶油：水的比例為3：2：1，但是用這個比例烤檸檬蛋塔派不適合。因為蛋塔的嫩彈質感必須搭配更酥軟的派皮。所以這裡建議的比例為：
（適合做九吋/22cm的模具）
低筋麵粉250g、冰奶油切小丁150g、雞蛋1顆、糖粉100g。不加水，這樣烤出來的質感會更柔膩細嫩。採用手動操作：先讓奶油外緣裹上麵粉，然後用指腹搓開奶油丁並與其餘的麵粉混合，一一從大塊搓成小細塊，直至奶油分布均勻為止。接著打入冰蛋混合至麵糰。可以用刀背切攪混合，以避免手掌的溫度過度融化奶油。在鋪入烤模之前應再入冰箱鬆弛四小時以上

把麵糰擀開，擀成約莫0.4cm的厚度，用大板子鏟起派皮，鋪入烤模，用叉子在派皮上戳許多小洞，旨在平衡舒緩加熱時的張力。墊一層油紙，上頭置入重顆粒，如白米、豆子，我也用過舊銅板。放入180°C的烤箱進行所謂的盲烤30 minutes。

檸檬內餡

如果做的是法式的檸檬塔,檸檬餡除
了檸檬就是奶油而已。可是這裡介紹的
是義式檸檬塔.需要用到義式鮮乳酪
"Ricotta"。　做法:削磨一顆檸檬皮
屑,避免削得太深,只削表皮黃色部
分.細砂糖150g.與檸檬皮屑搓揉.
Ricotta鮮乳酪500g.2顆蛋.以上
全部混合攪拌均勻.倒入派皮內。

以上在175℃的烤箱內烤40min.
拿出來待涼後再做裝飾。

裝飾:一顆檸檬切片.用
50g砂糖.3湯匙水.50ml
的檸檬酒(或Limoncello)
煮2分鐘.把檸檬皮鋪在
檸檬塔的表面

剩下的糖漿續煮
8min.至濃稠.也淋
在檸檬片之上。

後記:

2018年秋天小兒子龍心也離家去上大學了,我空巢
鬱悶了一陣子,最後決定振作起精神,也來
加入上大學的陣營。於是2019年10月入學這
次攻讀插畫illustration。

插畫跟純藝術的不同處,就在於插畫是
為了講故事而作畫,不像純藝術可以天
馬行空地塗抹表現——藝術家抒發技巧
與情感,不用解釋畫的是什麼,觀賞者
亦只求意會,不在乎言傳。

可偏偏我愛聽故事,更愛講故事,為了講故
事而畫,實在是太符合我的性向了。

大二修了「書封設計」這門課。講師出
題目:設計十一系列《不可能的任務》書名
和書封。當時正值新冠疫情,市區餐
飲全部休業,就連買了餐食坐在公園
板凳上吃也会被警察驅趕。於是首先進
入腦海的「不可能任務」,就是設計一專
專門「煮给戴口罩者的食譜集」。

接著又陸續推出「煮给隆唇者的食譜集」
和「煮给牙痛者的食譜集」。教授给了
我1.3的好分數,没達到1.0的最高分
是因為「煮给牙痛者吃」並非不可能的
任務。😄

196

大三我修了漫畫家Daniel Schreiber的漫畫課。Daniel真的超會畫,他已經出版了好幾套超人、機荒怪獸、戰鬥魔王…類的漫畫書。每堂課他都在訓練我们畫出勁爆的特殊角度和吸睛效果。我也跟著交功課,勉強畫了一連串的怪咖…說真話,畫這些東西很痛苦,超能力的英雄、魔王一點都不是我的菜。

Cindy畫的怪咖

學期末我選自交了「Cindy是如何在黑鄉煮上癮」的六頁漫畫,內容寫實,既不勁爆也不魔幻。Daniel卻給了我1.0的高分。他建議我把這故事講下去,Cindy在黑鄉煮與澎湃。大玩料理,妙哉!然後呢?

同一時期,疫情管制嚴後中法比歐和基賓搬來我家隔壁做鄰居。我们兩家,隔著一塊草皮苦中作樂。同把隔離封城的日子過下去。我们彈琴唱歌、種花做菜…。法比歐是前有跟我做

過菜的徒弟中最認真、最把 Cindy 的
忠告銘記在心.確切履行的。他做出
来的色香味達`起過德國小鎮裡
不道地的中餐館.我想,葡萄牙人
裡面.論做中式菜餚,應該没人比
得上他了。所以我親見手畫了一车食譜
送他作生日禮物。

我決定將畫在空白筆記簿裡10頁的手札,擴
增成為六頁漫画的「接下去」,並用它作為
我插畫系的畢業論文画.Daniel理所當
然地成為了我的論文指導講師,他說:

做一车只有插畫家畫得出的食譜書.不要
去跟那些充滿攝影棚效果的美食攝影
媲美.不要畫照相機照得出的角度和
畫面.畫出只有插畫家的想像力可以看
穿,可以扭轉時空呈現的食材,顏色和
心情。

這本書總共花了一年半的時間構思、作畫，我必須說，我相當享受這段過程。跟時報出版簽約後，我跟指導講師Daniel說，出版社和論文交稿的期限大約一致，我大概免去出兩種語文的版本了：德文（交給學校評分）和中文（交給時報出版）。Daniel為我解危：不如妳用中國書法手寫文字，作為藝術評分的一部分。多少西方藝術家都曾自稱其創作靈感來自於東亞書法，而這回，本校真的出了個以東亞書法寫稿的畢業生，Daniel覺得酷斃了！

很多人都問我，畢業了，接下來呢？出社會還是再深造？哈，其實我已經有好幾個躍躍欲試的主意了—腦中的故事和畫面源源不絕地冒出，就等我寫下和畫出來而已！

01

粉蒸肉

材料

五花肉 300g

紅薯地瓜 300g

醬汁

蔥 2 支（切成段，
用刀背拍過）

薑片 3 片

八角 1 顆

醬油 2 湯匙

酒 2 湯匙

鹽 ½ 茶匙

辣豆瓣醬 1 茶匙

水 1 湯匙

做法

1 將紅白均勻的五花肉切成大薄片，用醬汁醃約 30
分鐘。

2 趁五花肉在醃製入味的時候，將紅薯地瓜切成小
丁，切完先泡在清水裡一陣子。（清水可漂去地
瓜表面的澱粉，烹調口感更佳）

3 在醃肉中加入 2 湯勺的蒸肉粉拌勻，在小蒸籠的
底部鋪滿地瓜片，再整齊地把醃好並裹了蒸肉粉
的肉片鋪上。（如果沒有小蒸籠，用鋁盆或深碗
亦可，只是小蒸籠只需 20 分鐘，鋁盆或深碗則
要半小時以上。如果在鋁盆或深碗裡蒸，建議把
肉放在底部，再鋪上地瓜粒，蒸完後在大盤子裡
把粉蒸肉倒扣出來。）

4 淋入二大勺滾燙的熱油，撒一點白胡椒粉及一把
翠綠的蔥花即可上桌。

蒸肉粉自己做：

1 混合兩種米：泰國長梗香米和長糯米，各取小半碗。

2 鍋裡不需加油，把生米放入熱鍋烘焙，加上乾香料如八角、花椒、
月桂香葉一起烘，不用加鹽，慢慢翻炒，直至白米焦黃。

3 把烘過焦黃的米粒用研磨器（像是咖啡豆的研磨器）打碎，即可裝
入保鮮盒。

紅燒牛腩

材料

牛肉 1 kg

紅蘿蔔 1 根切大塊

洋蔥 2 顆切成粗絲

濃縮番茄 1 罐

薑片 8 片

大蒜 4 瓣

中式調味料

醬油 5 湯匙

糖 2 湯匙

紹興酒 100 ml

香料（例如陳皮、八角、丁香、月桂葉）適量

西式調味料

紅酒 300 ml

Dijon 芥末 1 大匙

海鹽 1 茶匙

香料（迷迭香、百里香、奧勒岡等普羅旺斯香草）1 大把

巴沙米克黑醋適量

做法

中式做法：

1 將肉塊用滾水汆燙去除表面的血水，在鍋中把油燒熱，將牛肉塊煎得金黃。

2 加入薑、拍過的大蒜粒、洋蔥稍微翻炒。

3 加入醬油、糖，喜辣則加一大匙的辣豆瓣醬。

4 倒入濃縮番茄、紹興酒、開水或鮮清雞湯，直至肉塊全部淹沒。

5 隨性加入香料增添香味。

6 蓋上鍋蓋，以小火燉煮 3 至 4 小時，直至水分蒸發，湯汁免勾芡自動變濃稠。

西式做法：

1 將肉塊用滾水汆燙去除表面的血水，在鍋中改用牛油燒熱，將牛肉塊煎得金黃。

2 加入薑、拍過的大蒜粒、洋蔥稍微翻炒。

3 倒入濃縮番茄、紅酒、開水或鮮清雞湯，直至肉塊全部淹沒。

4 加入海鹽、現磨胡椒、大勺 Dijon 芥末，亦可放入香料一起燉。起鍋前淋上些許巴沙米克黑醋。

5 蓋上鍋蓋，以小火燉煮 3 至 4 小時，直至水分蒸發，湯汁免勾芡自動變濃稠。

p.s 有時我也會改用一整罐啤酒，放入一大塊德式煙燻培根一同燉煮。

紅酒燒雞

材料（4 人份）

大雞腿 4 隻

胡蘿蔔 1 根切成大塊

小洋蔥 4 顆

厚培根 150 g

硬乳酪 150 g

Dijon 芥末 1 大匙

精鹽 1.5 g

蒜 4 瓣

綠、紅胡椒粒各 1 湯匙

新鮮普羅旺斯香草（例如迷迭香、百里香、奧勒岡、鼠尾草）1 大把

勃根地紅酒 400 ml

松露奶油 4 大匙

做法

1 將大雞腿置入盆中，撒上鹽、綠胡椒粒、紅胡椒、新鮮普羅旺斯香草一把。（若沒有新鮮香草，則用乾燥的。）

2 將上好的勃根地紅酒注入大盆子，以淹住全部雞腿為準。醃製過夜。

3 在平底鍋融化奶油（一定要用 Butter），先煎香蒜粒、小洋蔥，再放入雞腿，將各面煎得焦香金黃。

4 倒入香草、紅酒、胡蘿蔔、厚培根、硬乳酪一起煮，加水直至全部淹沒。

5 以 Dijon 芥末調味，煮 15-20 分鐘後取出雞腿，放置一旁保溫，一鍋的湯汁則繼續煮，直至液體揮發濃縮。

6 用濃縮的紅酒雞湯汁澆淋雞腿。

宮保 VS. 辣子雞丁

材料

去骨雞腿 300 g 切成小塊

乾辣椒 1 把

蔥適量

薑適量

蒜末 1 湯匙

醃料

1 個蛋的蛋清

鹽巴 ½ 茶匙

太白粉 1 茶匙

宮保汁

紹興酒 1 湯匙

醬油 2 湯匙

鎮江醋 1 湯匙

水 1 湯匙

糖 1 茶匙

太白粉 1 小茶匙

麻油 1 湯匙

辣子汁

辣豆瓣醬 1.5 湯匙

醬油 2 茶匙

鹽巴 ⅓ 茶匙

砂糖 1 茶匙

花椒 1 茶匙（也可以用
花椒油代替）

做法

1 先將乾辣椒用油炒得略焦黑，取出。

2 去骨雞腿加入醃料醃 30 分鐘。醃好的雞丁沾地瓜粉用熱油炸酥，或者放入氣炸鍋 160℃ 炸 8 分鐘，拉出翻面後再用 190℃ 炸 4 分鐘。

3 接著熱鍋加 1 湯匙油炒香、蔥、薑、蒜末，加入乾辣椒和炸好的雞丁，並與宮保汁或辣子汁調味料同炒。

4 最後把炒過的乾辣椒拌入，並撒上熟花生米或腰果，也可撒上蔥花或菜末裝飾便可盛盤上桌。培根一同燉煮。

農家小炒肉

材料

豬後腿肉或五花肉
400 g 切成薄片
青、紅椒 各 3 支
切成小段
薑片、蒜末各 1 湯匙
青蔥 2 支 切段

綜合調味料

醬油 1 湯匙

糖半湯匙

辣豆瓣醬 1 湯匙

甜麵醬或海鮮醬 1 湯匙

米酒 1 湯匙

香麻油半湯匙

做法

1 鍋中只需少許油，肉片不用醃，直接下鍋煸炒，
 直至肉片微捲曲略焦黃。

2 鍋中只需少許油，肉片不用醃，直接下鍋煸炒，
 直至肉片微捲曲略焦黃。

3 放入青紅椒煸炒，直至椒皮起皺，再加入肉片合
 炒。

4 倒入綜合調味料翻炒均勻便可盛盤上桌。

東坡肉

材料

整塊帶皮的五花肉 2 kg

薑片 8 片

八角 3 粒

桂皮、陳皮若干

青蔥 6 支

調味料

醬油 200 ml

冰糖 90 g

鹽 1 又 ¾ 茶匙

紹興酒 250 ml

紅棗 8 粒

棉線適量

做法

1 整塊帶皮的五花肉剃除細毛後，切成等大的四方形，用棉線紮緊。（不綁棉線也行，但就沒有整齊的四方形賣相了。）

2 把五花肉塊在沸水裡汆燙，變色便可取出。

3 青蔥用棉線綑成一束。

4 燒開 1 公升的水，並加入所有調味料，最後置入五花肉塊。

5 用小火煨煮 2 至 3 小時，直至湯汁蒸發濃縮至原來的 1/4 量。

6 這時將肉塊夾出，整齊地排入大碗公內，煮肉汁亦倒入，另淋一大勺紹興酒，撒幾粒紅棗，將碗公移入蒸鍋，用大火再蒸 1 至 2 小時至極酥爛，即可撒上蔥花上桌。

蒜泥白肉

材料

豬五花肉或肩頸肉、
腿肉 300 g

醃料

蔥切段少許

薑片少許

香菜少許

八角少許

調味料

蒜泥 1 茶匙

五香複製醬油 2 湯匙
（做法請參考 P. 136）

油潑辣籽 1 湯匙

麻油 1 湯匙

香醋 1 湯匙（例如
工研醋或鎮江醋）

做法

1 將肉塊煮熟加入蔥段、薑片、香葉、八角後置入
冰箱放涼。並保留煮肉的湯汁 1 小碗。

2 等肉塊涼透再切片，用削刀把小黃瓜縱向削成長
形薄片，將黃瓜薄片捲起來墊底。

3 蒟蒻切薄片，在盤中以一片肉、一片蒟蒻，沿著
盤緣放射狀地擺開，每片肉才會沾汁均勻。

4 在小碗中加入碾碎的蒜泥、五香複製醬油、油潑
辣籽、麻油、香醋，並加入煮肉湯汁 3-4 湯匙調
勻。（如果覺得不夠鹹，可加入 1 小茶匙的榨菜
末。）

5 整碗傾倒入肉片上，用香菜末裝飾。

北京烤鴨

材料（1人份）

鴨子 1 隻

中筋麵粉 200 g

薑片少許

洋蔥少許

豆腐少許

木耳少許

胡蘿蔔少許

筍絲少許

月桂香葉少許

蛋 1 個

做法

1 將烤鴨以五香複製醬油反覆刷淋，放在陰涼的地方，然後置入冰箱冷藏室（小於 4℃），風乾 20 個小時，接著放入 180℃ 烤箱，烤 2 個小時。中間不要忘記取出，刷脆皮汁兩次。（脆皮汁即稍微調稀的蜂蜜。）

2 用中筋麵粉和入 100 ml 的滾水，加一點點油揉成光滑的麵糰，再搓成長條，捏小麵球。擀開成為薄餅，在平底鍋裡輕煎。

3 烤完的鴨肉從骨架上卸下，排放整齊，再用手指摳剔下骨頭上的肉，撕成絲絲，當作湯料。

4 用烤鴨爆出的蜜汁鴨油爆香薑片、洋蔥、月桂香葉等，淋上米酒，置入鴨骨架子熬鴨高湯，加入各式蔬菜、豆腐、木耳、胡蘿蔔、筍絲勾芡，打個蛋花，加入鴨肉絲，即是酸辣鴨湯。

5 大蔥、黃瓜切段，薄餅裡塗一層甜麵醬，先鋪上烤鴨薄片、大蔥及黃瓜絲，包起即可食。

舒肥魚

舒肥鱈魚 + 蒔蘿橄欖油醬汁

材料

鱈魚 600 g

海鹽 1 茶匙

芥末籽 1 茶匙

綠胡椒 1 茶匙

紅胡椒 1 茶匙

薑絲 1 大匙

小番茄 8 顆

特級初榨橄欖油 300 ml

鮮檸檬 ¼ 個

做法

1　鱈魚均勻地撒上海鹽、芥末籽、綠胡椒、紅胡椒、薑絲，裝入塑料袋，抽真空。

2　置入 50°C 溫水中舒肥料理 18 分鐘後取出裝盤。

3　小番茄刷上橄欖油後置 180°C 烤箱，烤 18 至 20 分鐘，取出後剝皮，再以鹽、糖調味。

4　另用特級初榨橄欖油 起鍋，炒香大蒜片，置入一把去掉硬梗的蒔蘿 Dill，馬上關火，淋上舒肥過的嫩魚排，擠入鮮檸檬，擺上小番茄搭配。

泰式檸檬魚

材料

鮮魚 1 條或魚排

青檸檬 2 個

醬汁

香菜末 1 大勺

蒜末 1 茶匙

鮮辣椒末 1 茶匙

青檸檬 1 顆擠汁

魚露 20 ml

糖 3 茶匙

做法

1　將鮮魚的背面劃上幾刀，拍打過的蔥段一把，薑片四、五片鋪上魚身，一起裝入塑料袋，抽真空。

2　置入 20 ml、60°C 的水中，舒肥 25 分鐘，小心地取出整條魚，撇開蔥、薑盛盤。

3　青檸檬一個擠汁，一個切片。把青檸片一部分塞入魚背的切縫中，另一部分鋪在盤子四周。

4　澆上醬汁。

水煮魚

材料

清炒蔬菜或粉條

豆芽菜 1 把

薑末適量

蒜泥 1 小匙

調味料

米酒 2 大湯匙

醬油 1 湯匙

糖 1 茶匙

辣豆瓣醬 1 大匙

罐頭魚湯 1 大碗

柴魚鹽 1 茶匙

當歸 1 片

濃豆乳 1 湯匙

乾辣椒 1 把

蒜蓉 1 大匙

花椒 1 茶匙

香菜適量

做法

1 用清炒蔬菜或粉條、豆芽菜將深碗墊高。

2 起油鍋,先爆香薑、蒜片,輕輕翻炒魚片。魚片一見熟就起鍋,盛入盤中,置於墊菜上。

3 如果要做紅湯,就用醬油、糖、辣豆瓣醬拌炒,最後注入罐頭魚湯,煮開倒在魚片上。

   如果要做白湯,則用米酒、柴魚鹽、當歸、罐頭魚湯、濃豆奶煮開傾注入魚片上。

4 最後在盤中撒入乾辣椒、蒜蓉、花椒。

5 另起油鍋燒熱 2 湯匙油至滾燙時澆淋於魚片、辣椒、蒜蓉上,撒些香菜末裝飾即可上桌。

糖醋魚

材料

魚排 400-500 g

鹽 ½ 茶匙

米酒 1 湯匙

茨粉或地瓜粉 1 碗
（裹魚炸粉）

洋蔥半顆切塊

青蔥 2 支切段

糖醋汁

冰糖 3 湯匙

酒 1 湯匙

醬油 2 湯匙

烏醋 4 湯匙

做法

1 將魚排切成小塊，用鹽、米酒、薑泥抓一抓，醃製片刻。

2 鍋中倒入炸油，油量布滿鍋底。

3 魚片要下鍋前才裹炸粉，下油鍋後慢炸，直至金黃焦脆再撈起，靜置一旁。

4 用剩餘的油先炒洋蔥、倒入糖醋汁，再把魚放進鍋內一起煮片刻。

5 視個人口味再加一些青豆、煮過的胡蘿蔔，撒蔥段。起鍋前淋一點香麻油。

糖醋汁
將冰糖炒出糖色，再用 1 湯匙的茨粉、5 湯匙的水勾茨。

三杯小／中卷

材料

中型烏賊／魷魚 2 隻或
小烏賊 20 隻
薑片 10 片
大蒜 5 瓣拍碎

調味料

碎冰糖 1 茶匙

醬油 2 湯匙

米酒 2 湯匙

花生油或菜籽油 1 湯匙

黑麻油 1 湯匙

九層塔 1 大把

做法

1 用 1 湯匙的花生油或菜籽油熱鍋，先爆香薑片、大蒜，再加入醬油、冰糖（有助上色）拌炒。待醬色濃郁，加入小卷或中卷，再淋上米酒。

2 待湯汁漸漸濃稠，淋上黑麻油後關火，撒上九層塔，即可盛盤上桌。

茄汁大蝦

材料

菠菜 1 把

蝦仁 300 g

醃料

米酒 1 湯匙

鹽 ½ 茶匙

蛋清 1 個

白胡椒粉少許

綜合調味料

番茄醬 2 湯匙

辣豆瓣醬 1 湯匙

糖 1 大匙

鹽 ½ 茶匙

醬油 ½ 湯匙

白醋 ⅔ 湯匙

茨粉 1 茶匙（用 2 湯匙
的水溶化）

麻油 1 湯匙

做法

1 將菠菜洗淨、切段後用少量的油及 ½ 茶匙的鹽清
　炒。再把炒青菜繞著盤子擺一圈，中間留下空隙。

2 將蝦仁用醃料抓醃 15 至 20 分鐘。

3 以 4 湯匙油起鍋，爆香薑片 4 至 5 片，炒至上色，
　再放入蒜粒 1 湯匙、醃好的蝦仁同炒，炒至蝦仁
　微微捲翹，倒入綜合調味料，最後撒下蔥花，把
　茄汁蝦仁移入餐盤中間。

柚子醋生魚片

材料

新鮮鮭魚 300 g

純橄欖油 2 湯匙

芝麻油 1 湯匙

醬汁

大蒜 1 小瓣碾成泥

薑泥 ½ 茶匙

白芝麻 1 茶匙

柚子醋 ⅔ 茶匙

醬油 1 湯匙

米酥 ⅔ 湯匙

做法

1 將新鮮鮭魚用利刀橫切成薄片,並淋入醬汁。

2 把青蔥切得細碎,置於冰水裡保鮮保色。

3 在小平底鍋裡加熱純橄欖油、芝麻油,燒得炙熱時淋在生魚上面。

4 最後撈出冰水中的蔥末,擠乾水分,撒在生魚上便可上桌。

蚵仔煎

材料（1 人份）

牡蠣 2 大匙

雞蛋 1-2 顆

青菜（小白菜、茼蒿菜、
空心菜皆可）適量

粉漿

地瓜粉 2 湯匙

太白粉 1 湯匙

麵粉 ½ 湯匙

水 130 ml

鹽巴 ½ 茶匙

紅醬汁

辣豆瓣醬 1 湯匙

味噌 ½ 茶匙

番茄醬 1 湯匙

糖 2 茶匙

蒜泥 ½ 茶匙

太白粉 1 小匙

冷開水 120 ml

做法

1 牡蠣用清水輕輕洗淨。

2 將醬料煮開，稍黏稠便可關火。

3 粉漿調好後靜置 20 至 30 分鐘。

4 起油鍋，先下瀝乾的牡蠣，直至牡蠣微微縮小，
再下粉漿 3 瓢，煎至粉漿呈透明狀。

5 沿著粉漿邊緣淋一點油，煎得粉漿焦香酥脆。

6 倒入蛋液，趁蛋液濕潤，放入青菜段，蓋上鍋蓋
片刻，使蛋和青菜熟透。

7 用 2 支鍋鏟協助起鍋，淋上紅醬汁。

乾煸四季豆

材料

四季豆 600 g

豬絞肉 60 g

蒜片半匙

薑末 1 茶匙

辣椒 1 根切段

綜合調味料

鹽半茶匙（可用 1 小茶
匙豆豉或榨菜末替代）

糖 2 茶匙

醬油 1 湯匙

酒 1 湯匙

醋 ⅔ 湯匙

香麻油 ⅔ 湯匙

做法

1 將炸好的四季豆放在一旁。

2 用鍋裡炸四季豆剩餘的油先炒香豬絞肉，炒久一
點，直至略焦脆。

3 倒下蒜片、薑末及辣椒粒末一起炒，待香味溢出，
淋上小碗中的綜合調味料，直至醬料被食材吸
收，便可盛盤，也可以撒一些白芝麻裝飾。

燒椒茄子 / 味噌烤茄子

燒椒茄子

材料

瘦長茄子 3 條或
胖茄子 2 根
青、紅辣椒各 8 根

調味料

鹽 ½ 茶匙
醬油 2 湯匙
糖 1 茶匙
香麻油 1 湯匙

做法

1 先把茄子油炸，亦可用氣炸鍋（180℃ 10 分鐘）
或微波爐（800-900 W 8 分鐘）軟化。

2 做燒椒醬汁：參照「虎皮尖椒」（p.148）的做法
處理青、紅辣椒。

3 起油鍋爆香薑碎末，再倒下去過籽的青、紅辣椒
焗出虎皮。

4 加入調味料，全部盛出搗爛即成燒椒醬。

5 把軟化的茄子掰開成小長條，澆上燒椒醬，再碾爛
1-2 大蒜用清水稀釋，淋上蒜水、撒香菜末裝飾。

味噌烤茄子

材料

胖茄子 2 根

調味料

味噌 1 茶匙
糖 1 茶匙
味醂 1 茶匙
甜辣醬 1 茶匙
油 1 茶匙

做法

1 胖茄子剖半，在茄肉上劃幾刀，淋一點油，用氣
炸鍋（180℃ 10 分鐘）或微波爐（800-900 W 8
分鐘）軟化。

2 軟化後的茄子塗上調味料調勻，放入預熱 220℃
的烤箱，上火炙烤 10 分鐘。

3 取出後撒上柴魚末和切得極細、泡過冰水的蔥
花。

麻婆豆腐

材料

嫩豆腐或傳統豆腐 1 塊

豬肉或牛絞肉 100 g

調味料

大蒜粒 1 大匙拍碎

辣椒粉或甜紅椒粉 1 茶匙

蔥花或香菜末 1 大匙

花椒粒 1 大匙（或花椒油、花椒粉）

乾辣椒 5 粒（可省略）

辣豆瓣醬 1 大匙

鹽 ½ 小匙

醬油 1 大匙

米酒 1 大匙

水或高湯 1 小碗

太白粉水 1 大匙

做法

1 將豆腐切成小丁。

2 起油鍋先炒香乾辣椒及花椒後撈起。

3 用炒過乾辣椒及花椒油的油炒散絞肉。

4 放入蒜末、辣豆瓣醬炒香。

5 放入豆腐丁，以鹽、醬油調味。

6 倒入水或高湯，蓋上鍋蓋，以小火烹煮，使之揮發收汁。

7 以太白粉水勾芡，讓汁液變黏稠。

8 撒上炒過的乾辣椒或爆香的花椒粒。

9 撒些胡椒粉，淋上香麻油，以蔥花或香菜末裝飾。

乾煸杏鮑菇

材料

杏鮑菇 4 顆

調味料

醬油 2 茶匙

蠔油 2 茶匙

糖 ½ 茶匙

孜然粉少許

白芝麻 1 茶匙

做法

1 將杏鮑菇去掉大菇頭，以削皮刀剃下薄片。

2 以熱火爆香蒜末，放入杏鮑菇薄片翻炒。它會先出水，呈潮濕狀，這時繼續煸炒，讓水分蒸發，炒至表面金黃，再加綜合調味料，翻炒至色澤均勻。

3 以細青蔥段裝飾。

乾鍋白花菜

材料

五花肉 100g（如果吃素，可將肉片改成杏鮑菇）

白花菜半棵

醬油 1 湯匙

糖 1 茶匙

酒 1 湯匙

花椒 1 小勺

豆豉 1 茶匙泡軟

大蒜 2 粒切片

薑片 4 片

蔥 1 支切段

芹菜梗適量

醃肉料

醬油 1 湯匙

糖 1 茶匙

調味料

鹽 ⅓ 茶匙

蠔油 ½ 湯匙

米酒 1 湯匙

做法

1 白花菜切成小朵洗淨，泡在冷水裡片刻。

2 五花肉切成薄片，醃過的肉片先用 2 湯勺的油炒散，炒至略為焦黃捲曲，盛出備用。

3 乾辣椒、花椒略炒過，直至冒出香味，盛出備用。

4 用辣椒和花椒爆香過的油炒花菜，和蒜片、薑片、蔥段同炒。

5 倒下芹菜梗及豆豉一同翻炒，直至白花菜各面略呈焦黃。

6 重新倒入乾辣椒，並撒下蔥段、白芝麻，便可盛盤上桌。

白花菜不似綠花菜，不必用水煮過，適合直接加熱，炒至焦黃特酥脆。

五香複製甜醬油、油潑辣籽

五香複製甜醬油

材料

醬油 250 g

紅冰糖半杯

米酒半杯

薑片若干

八角 2 顆

花椒 1 小把

陳皮、桂皮各 1 小塊

月桂香葉 1 片

做法

將全部材料用小火烹煮 10 分鐘，待放涼後濾過一次，只留下醬汁，裝入玻璃瓶，置入冰箱保鮮。

油潑辣籽

材料

乾辣椒末 150 g

白芝麻 1 茶匙

花生米 1 茶匙

乾豆豉 1 茶匙

鹽巴 1 茶匙

雞粉半茶匙

薑 1 大塊

八角 2 粒

花椒 1 把

陳皮、桂皮各 1 小塊

月桂香葉 1 片

做法

1 大碗內盛入乾辣椒末、白芝麻、花生米、乾豆豉、鹽巴、雞粉。

2 另起一小鍋加熱 300-400 ml 的菜籽油，加入砸裂的薑塊、八角、花椒、陳皮桂皮、月桂香葉，用小火煨煮 10 分鐘。

3 關火後趁熱濾過，把香料油注入裝入大碗內，待涼後放入冰箱保鮮。

芝麻醬淋燙菠菜

材料

新鮮菠菜 300 g

純芝麻泥醬汁調味料

大蒜 1 粒碾成泥

薑末 1 茶匙

五香複製醬油 1 湯匙

油潑辣籽或辣油 1 湯匙

香醋 ½ 湯匙

雞粉 1 小撮

鹽巴 ⅓ 茶匙（榨菜末
1 茶匙亦可）

花椒油 1 茶匙

香麻油 1 湯匙

做法

1　菠菜在滾水裡稍稍燙一下即可取出以水沖涼，保
持菠菜的鮮綠色。（如果是帶梗與莖的菠菜，可
以縱向擰乾，擰成長長的一條，再截成小段盛盤。
如果是葉子菠菜則建議擰成球。）

2　淋上醬汁。

純芝麻泥醬汁
將調味料用約 2 湯勺的清水調開，直至油質與水均勻混合。

虎皮尖椒

材料

長青椒 7 個

蒜末 1 大匙

綜合調味汁

鹽 ⅓ 茶匙

糖 1 茶匙

香醋 1 茶匙

醬油 1 湯匙

做法

1 把青椒的蒂部用手掰掉，或用小刀挖掉籽。

2 在鍋裡燒熱薄薄的一層油，將青椒下鍋煸炒，用鍋鏟輕輕按壓青椒，時不時翻面，使之受熱均勻，直至青椒表面煸出虎皮皺紋。

3 將煸出虎皮的青椒先盛出。另起油鍋炒香蒜末，接著倒入綜合調味汁，炒至香味溢出，重新倒入青椒和調味混合，即可盛盤上桌。

擔擔麵

材料（1人份）

絞肉（豬、牛、雞、羊皆可）50g

豆乾 1 小塊

四季豆少許

香菇少許

青椒少許

榨菜少許大蒜 1 瓣，加清水搗成泥

青菜 1 把

做法

1 將豆腐乾切細，酌量加入煮熟的四季豆、香菇、青椒、榨菜末少許，用一大勺的油拌炒。

2 將煮熟麵條、燙青菜（亦可燙豆芽）濾過盛碗，不加湯。

3 在麵中加 1 小匙大蒜水，倒入炒香的肉末、豆乾及蔬菜末泥，以 1 湯匙複製五香甜醬油及 1 湯匙油潑辣籽調味，撒上蔥花或香菜末便可享用。

手拉拉麵佐羅勒青醬

材料（三人份）

中筋／高筋麵粉 300 g

鹽 2 茶匙

水 160 ml

油封油適量

做法

1 把以上材料（除了油）揉到手光、盆光、麵光，蓋上保鮮膜在常溫鬆弛，擀麵至少一小時。

2 擀成一個厚麵餅，切成粗長條，置入深盤，用油封住，放入冰箱冷藏過夜。

3 第二日拿出來拉成麵條。一面拉一面燒熱水煮，拉完的麵條易黏、易乾，不要放置太久才煮。

羅勒青醬

材料

松子 25 g

新鮮羅勒（或九層塔）30 g

大蒜 1 瓣

橄欖油 125 ml

現磨胡椒 1 茶匙

鹽巴 1 茶匙

做法

將以上材料混合打爛，裝罐。瓶口用橄欖油封住，可保存一至二週。

酸辣湯

材料

雞胸肉 1 塊煮熟後放涼，
手撕成絲

豆腐 1 小塊切絲

鴨血 1 小塊切絲

黑木耳少許

乾香菇少許泡軟切絲

筍 1 條

胡蘿蔔 1 根切絲

芹菜梗 1 支切絲

雞高湯或清水 1 公升（若
用高湯需調整鹹度）

芡粉 3 湯匙調水

蛋 1 顆打散

綜合醬料

醬油 2 湯匙

胡椒粉 1 茶匙

辣椒粉 ½ 茶匙

醋 2 湯匙

麻油 ½ 湯匙

白芝麻 1 茶匙

做法

1 用薑片、蔥段、當歸、香葉將清湯煮開，放入胡
蘿蔔絲煮軟，再依次加入豆腐及其他蔬菜絲。

2 趁著湯滾倒下調水芡粉，使之濃稠，關火。

3 趁熱倒下蛋汁，攪拌成蛋花，最後加入雞絲，用
鹽調味。

4 在大湯碗底調入酸辣調味料（不要將綜合醬料加
入湯鍋中一起煮）。視喜辣程度再淋上一小勺油
潑辣籽。

椰汁南瓜湯

材料

馬鈴薯 200 g

南瓜泥 200 g

大蒜 4 瓣

洋蔥 1 個

清雞湯 400 g

鮮橙汁 100 ml

鹽 1 茶匙

白胡椒適量

做法

1 將馬鈴薯煮軟加入南瓜泥，起油鍋炒香大蒜、洋蔥，注入清雞湯和鮮橙汁。

2 將做法 1 加入鹽、白胡椒，用食物處理機打碎。（打碎的馬鈴薯泥會使南瓜湯自然濃稠，不需要再勾芡。）

3 雞胸肉沾過麵粉輕煎、以鹽調味，煎得金黃後取出。

4 在濃稠的南瓜湯裡舀入一小勺濃椰漿輕輕畫圓攪開。湯碗內用雞胸肉墊底，盛入南瓜湯，撒上香菜及辣椒末裝飾。

咖哩角

材料

麵粉 1 湯匙

咖哩肉醬餡料

牛絞肉 200 g

洋蔥 1 顆剁成小丁

鹽 ⅓ 茶匙

糖 1 茶匙

蠔油 1 茶匙

咖哩粉 1 茶匙

黃咖哩醬 1 湯匙

月桂香葉 1 片

做法

1 將麵粉用 2 湯匙清水調開用平底鍋炒開，炒成濃稠的咖哩醬。

2 將超市買來的現成派皮麵糰和千層酥皮以 1：1 混合。兩種麵糰攤開切成條，一上一下重疊捲起來，再擀開成為一個大圓麵皮。

3 將麵皮包和咖哩肉醬，像包餃子一樣，先捏緊中間，再一一捏緊邊緣，一點一點地折花捲邊。

4 烤箱預熱 190°C，在麵皮表層刷上蛋黃液，再撒一點芝麻，烘烤 15 分鐘。

舒芙蕾

材料（10 個舒芙蕾布丁或鬆餅）

蛋 4 顆

麵粉 90 g

融化奶油 20 g

優格（原味或香草味）80 g

泡打粉 4 g

香草精 1 茶匙

鹽 1 茶匙

做法

1 準備兩只大碗後打蛋，將蛋白和蛋黃分開。

2 在裝蛋黃的碗裡加入麵粉、融化奶油、優格、泡打粉，香草精、鹽，輕柔混合（攪拌太重會造成麵粉起筋）。

3 將蛋白用電動攪拌器打發直至蛋白堅挺白皙（蛋白打發之前可略加入檸檬汁數滴，有助於打發成功。）裝蛋白的碗一定要乾淨，絕不能有殘水或油。

4 少量並多批地把蛋白霜漸次地拌入蛋黃麵糊裡，由下往上輕輕翻拌，千萬不要用力畫圈攪拌。

烤舒芙蕾布丁：

1 烤箱預熱 180°C，把以上的麵蛋糊平均倒入小模子內，用刀邊把表面抹平（抹平後就會平整地發漲），烤 15 分鐘左右就完成了。

2 撒上糖粉，趁熱上桌。

舒芙蕾鬆餅：

1 選用不沾鍋的平底鍋，以小火在鍋底抹一層薄薄的奶油，再一勺一勺地下麵糊，每一坨麵糊都是一個鬆餅。

2 在鍋底滴一點水，蓋上鍋蓋燜烤一下，有助於鬆餅內部的熟度，請小心翻面。

3 撒上糖粉或淋上楓糖漿食用。

檸檬派

材料

低筋麵粉 250 g

冰奶油切小丁 150 g

雞蛋 1 顆

糖粉 100 g

做法

1　奶油外緣裹上麵粉，然後用指腹搓開奶油並與其餘的麵粉混合，將大塊一一搓成小細塊，直至奶油分布均勻為止。

2　打入冰蛋混合至麵糰。可以用刀背反覆混合，以避免手掌的溫度過高融化奶油。

3　在鋪入烤模之前，放入冰箱鬆弛 4 小時以上。

4　把麵團擀成約莫 0.4cm 的厚度，用大板子鏟起派皮，鋪入烤模。並用叉子在派皮上戳些小洞，平衡舒緩加熱時的張力。

5　墊一層油紙，置入重顆粒，如白米、豆子。放入 180°C 的烤箱進行所謂盲烤，烤 30 分鐘。

檸檬內餡

材料

檸檬 1 顆削成皮（只需削表皮黃色部分）

義式鮮乳酪 Ricotta 500 g

蛋 2 顆

砂糖 50 g

檸檬酒 50 ml

水 3 湯匙

做法

1　將砂糖與檸檬皮末搓揉，加入鮮乳酪、蛋混合攪拌均勻，倒入派皮內。

2　在 175°C 的烤箱內烤 40 分鐘，拿出來待涼後再做裝飾。

3　一顆檸檬切片用砂糖、水、檸檬酒煮 2 分鐘，鋪在檸檬塔的表面。剩下的糖漿續煮 8 分鐘至濃稠，淋在檸檬片上面。

書裡每一道菜，不只是插畫，也都是我餐桌上的家常菜。請讀者諸君自行拼湊組合，做出你家繽紛豐富的一桌菜！

大人國 12

食情畫意：莊祖欣手繪食譜

作者	莊祖欣
責任編輯	龔橞甄
校對	劉素芬、曾羽婕
封面設計	走路花工作室
內頁排版	江麗姿

總編輯	龔橞甄
董事長	趙政岷
出版者	時報文化出版企業股份有限公司
	108019 臺北市和平西路三段二四○號四樓
	發行專線　02-2306-6842
	讀者服務專線　0800-231-705・02-2304-7103
	讀者服務傳真　02-2304-6858
	郵撥 19344724　時報文化出版公司
	信箱 10899　臺北華江橋郵局第 99 信箱
時報悅讀網	www.readingtimes.com.tw
法律顧問	理律法律事務所陳長文律師、李念祖律師
印刷	華展印刷有限公司
初版一刷	2023 年 10 月 13 日
定價	480 元
	（缺頁或破損的書，請寄回更換）

時報文化出版公司成立於一九七五年，
並於一九九九年股票上櫃公開發行，
於二○○八年脫離中時集團非屬旺中，
以「尊重智慧與創意的文化事業」為
信念。

食情畫意：莊祖欣手繪食譜 / 莊祖欣著 . -- 初版 . -- 臺
北市 : 時報文化出版企業股份有限公司 , 2023.10
面；　公分 . -- (大人國 ; 12)
ISBN 978-626-374-344-1(平裝)
1.CST: 食譜 2.CST: 插畫

427.1　　　　　　　　　　　　　　　　112015157

ISBN　978-626-374-344-1
Printed in Taiwan